이 도서의 국립중앙도서관 출판시도서목록(CIP)은 e-CIP 홈페이지(http://www.nl.go.kr/ecip)와 국가자료
공동목록시스템(http://www.nl.go.kr/kolisnet)에서 이용하실 수 있습니다.(CIP제어번호: CIP2012004191)

우리
시골에서
살아볼까
·◡

초보
시골 생활자의
집 고르기부터
먹고살기까지

엄윤진 지음

*design*house

아소재 입구에 서 있는 나무 현판.

마치 비밀의 문 앞에 서 있는 듯한 아소재 입구 풍경. 나무가 만드는 터널이 운치 있다.

기어대장간 옆에서 바라본 아소재.

소미재 쪽에서 바라본 아소재. 본채를 가운데 두고 양쪽에 소미재와 성우당이 자리하고 있다.

아소재의 본채. 대청마루와 방은 숙박 체험이나
다양한 프로그램을 위해 사용하고 있으며 카페로도 운영한다.

한옥 체험을 하기 위해 들르는 손님들이 주로 묵는 성우당.

집 뒤편에서 내려다본 아소재 본채 지붕.

목
차

나를 소생시키는 집

내가 글을 쓴다고?

무얼 보고 내게 책을 내자는 제안을 한 것일까?

서울 토박이가 겁도 없이 시골살이를 시작해서? 아니면 큰 한옥에 살고 있어서?

일단 해보기로 약속했다.

늘 온라인을 통해 내 일상의 이야기를 사진과 함께 글로 정리해 올리고 있었기 때문에, 이 일도 수다의 연장선이라고 생각한 게 첫 번째 이유다.

아소재로 내려온 지 거의 4년이나 되었는데, 그동안 내가 한 일이라는 게 이리 쿵, 저리 쿵, 부딪치며 사는 것 그 자체였다. 그냥 나에게 일어난 일을 있는 그대로 드러내는 것이라면 뭐 그리 어려운 일이겠는가. 그렇게 생각하기로 했다. 혹시 알아? 그런 나를 보면서 시골에서 살고 싶어 하는 사람들, 한옥에서 살고 싶은 사람들이 용기를 낼지. 이렇게 대책 없이 물렁한 여자도 도시를 떠나 용감하게 살아가는데, 하면서 말이다. 이게 책을 쓰게 된 두 번째 이유다.

살아가면서 이건 되고 저건 안 되고 하면서 가능한 것, 불가능한 것을 규정하는 일. 이제는 내려놓아도 되지 않나 싶다. 그래서일까? 가만히 들여다보면 내가 어떻게 살고 싶어 하는지 보인다. 그럼 그렇게 살면 되지.

이런 점에서 보면 난 무식하다. 맞다! 그래서 '무데뽀'로 일을 저지른다. 치밀하게 따지고 가나 감으로 밀어붙이나 결과는 그리 다르지 않다는 것을 마흔 하고도 훌쩍 넘은 나이에 전율하듯 깨달았다. 그러니 놀이하듯 사는 게 전전긍긍 머리 싸매고 사는 것보다 훨씬 살 만하다고 결론 내린 것이 당연한 선택 아니겠는가.

그렇다고 혼자 살 수는 없는 법. 내가 여기 이 자리에 있기까지 굳이 '인연'이라는 단어를 들먹이지 않아도 세상이 도와주었다는 것을 어찌 모르겠는가. 나의 황당한 결정을 대수롭지 않게 '또 일을 저질렀구나' 정도로만 받아들이고 웃어주는 가족, 특히 여동생 재영이랑 지영이는 참으로 든든한 나의 '빽'이다. 그에 못지않게 어설픈 맥가이버 아들, 수영이도. 그리고 동네에 들어온 낯선 사람을 별 거리낌 없이 살 수 있도록 봐주는 이웃들. 그중에서도 필요할 때마다 충분조건을 갖추고 도와주는 시인 이향, 아소재에 머물고 간 낯선 친구들, 그중에서도 귀한 인연 줄을 손에 쥐어주고 간 류한원, 독서 캠프에 와서 깔깔 거리며 대청마루가 쾅쾅 울리게 뛰어다니던 아이들. 하나하나 이름을 거론하지 않아도 다 고맙고 또 고마운 사람들이다.

그렇기 때문에, 놓치고 싶지 않은 마음이 하나 있다.

집을 치유의 공간으로 만드는 것. 세상을 놀이마당 삼아 사는 것. 그렇게 해줄 수 있도록 만들어준 것이 지금의 아소재다.

그 좋은 놀이마당에서 나만 놀면 재미가 덜하지 싶다.

나 말고도 많은 사람들이 놀러 와 쉬면서

몸 가득 마음 가득 생기가 넘쳐 집으로 돌아간다면 그저 그걸로 좋지 않겠는가.

2012년 가을 아소재 대청마루에서 엄윤진

이
제
여
기
가
우
리
집
이
다

길을 잃고 집을 만나다

그날 밤 비가 억수로 오는 바람에 길을 잃었다. 고속도로에서 무슨 길을 잃느냐고? 내비게이션도 없냐고? 없다. 아직도 없다. 지독한 길치인데도 내비게이션은 무슨… 하면서 길가에 차를 세우며 묻는 일을 여전히 하고 있다. 하여간 그날 밤은 그랬다. 5월 봄비가 무슨 장맛비처럼 쏟아지는지. 도무지 앞이 보이질 않았다. 더구나 날은 이미 어두워져 한밤중을 향해 치닫고 있었다. 그나마 차 안에 굴러다니던 너덜너덜한 지도는 또 어디로 간 건지. 순간 '이건 재난이야!'라고 생각했다.

그래서 눈에 띄는 휴게소에 차를 세웠다. 일단 한숨 자고 가자. 지금도 거기가 어딘지 모르겠다. 하긴 별로 알고 싶지도 않지만. 어쨌든 김해에서 서울로 오는 길이었는데 도무지 그 상황에서는 내 실력으로 운전을 한다는 게 무리였다. 그렇긴 해도 휴게소에서 쪽잠은 자봤지만 아주 대놓고 밤을 보내기는 처음이었다. 그것도 장대비 속에서. 비 오는 밤이 지나고 나니 어쨌든 새벽은 밝았고 비는 잦아들었다. 그제야 내가 서 있는 곳이 88고속도로쯤 된다는 것을 알았다.

그러고 보니 아주 가까운 곳에 해인사가 있었다. 이왕 여기까지 왔으니 해인사를 들러야 할 것 같았다. 산사는 간밤의 비로 안개가 자욱했다. 앞으로 나서니 꿈을 꾸는 듯 해인사는 그렇게 다가와 내게 일주문을 열어주었다. 사람 소리 하나 없는 그곳에서 나뭇잎이 안개에 젖는 소리를 들으며 렌즈를 들이댔다. 렌즈 속으로 들어오는 먼 세상 같은 곳을 바라보다 집으로 가는 길을 찾는데 문득 삼거리 앞에서 성주라는 이정표가 눈에 들어왔다.

그래서 해인사 IC로 가려다 왼쪽으로 핸들을 꺾으며 가야산 길을 올라탔다.

왠지 모르게 산길이 마음을 끌었다. 편안한 느낌, 그 이상이었다. 산길이 많이 굽어 몸을 이리저리 흔들며 내려오는데 오른쪽 창으로 한옥의 지붕이 눈에 띄었다. 눈이 보배다. 처음엔 입구를 찾지 못했다. 쥐똥나무가 많이 우거져 있었기 때문이었다. 그 틈 사이로 살며시 집이 보였다. 고즈넉하니 멋스러워 보였다. 그런데 주인장이 보이지 않았다. 사람이 안 사나? 그러고 보니 빈집이었다. 마당의 잔디는 손을 본 듯하나 그 주위는 온통 나무였다. 이제야 하는 말이지만 그때 내가 잡목이라 생각했던 것들이 몇 년째 사람 손을 타지 않아 웃자란 풀이었다. 뒷마당은 언감생심 발을 디딜 수 없을 정도였으니까. 집이 네 채나 되는데 왠지 모르게 가슴이 두근거렸다. 왜 이러지?

그러다 마당에 키 큰 목련이랑 오동나무 사이에 달아놓은 플래카드를 봤다. '전세 놓습니다. 매매합니다.' 전화번호가 있었다. 걸었더니 주인장이 근처에 사는데 당장 오겠다고 했다. 집을 내놓은 지 5년 남짓 되었단다.

"전세 비용이 얼마나 되나요?"

"그럼 매매는?"

차(茶)를 하시는 분인데 이곳은 살림집은 아니고 다목적 공간으로 활용했다가 다른 주인을 찾는 중이라 하셨다. 만나 뵙고 이러저러한 이야기를 나누고서는 다시 한 번 찾아뵙겠다고 하면서 집을 나서는데 어인 일인지 난 벌써 대청마루에 아파트에 있는 짐을 내려놓고 있었다. '저기다 이걸 놓으면 되고 여기다 저걸 놓으면 되겠어. 아니 그거 말고 이거 놓을까?'

그 무렵 그런 생각을 하고 있었다. 마흔을 훌쩍 넘긴 내가 도시에서 무엇을 누리며 살 수 있을까? 어쩌면 이러저러한 이유로 우울하게 보내게 될지도 모를 내 상황에 조금 겁을 먹고 있었던 것 같다. 아니라고 아무리 손사래를 쳐도 사람들이 그렇게 걱정스럽게 바라볼 것 같았고, 나 또한 남들의 시선에서 자유로울 수 없을 것이라는 두려움이 있었다. 거기서 벗어나고 싶었다. 이유는 단지 그것뿐이었다. 다시 살고 싶었다. 혼자면 어때, 그런 맘도 들었다. 어차피 단출하기 그지없는 가족은 서울을 벗어나지 못할 테고 그럼에도 난 살아야 할 것 같은, 그런 자기 연민 같은, 소소하지만 절대적인 이유가 나를 흔들었다.

정말 이상했다. 난 이미 이사를 하고 있었다. 내가 세상에 태어나서 사람이 아닌 물질에 이렇게 마음을 내보긴 처음이지 싶었다. 좋아, 해보자. 그때 상황이 썩 편하지만은 않았다. 개인적으로 부딪쳐야 할 것도 많았고 정리해야 할 것도 많았다. 어찌 그렇지 않겠는가. 서울에서 태어나 서울을 벗어나본 적이 없는 내가 가족과 친구, 일터 등 모든 것을 밀어놓고 다른 곳에서 살겠다는 게 만만한 일이었겠는가. 그럼에도 난 한 가지밖에 생각하지 않았다. 난 살고 싶어. 다시 살고 싶어.

몸도 마음도 다 지쳐버린 내가 나를 위해 할 수 있는 유일한 선택이 마치 이곳에서 사는 것인 양 난 다른 어떤 것도 염두에 두지 않았다. 그랬더니 일이 진행되기 시작했다. 마당에 서서 생각했다. '이 집의 이름을 지어야겠어.' 내가 다시 태어나는 곳. 아소재. 나 아(我), 소생할 소(蘇), 집 재(齋). 이 집에 오는 이들은 나를 포함해 누구나 다시 생기를 얻어서 돌아갈지니! 그것을 내 원으로 삼기로 했다.

이곳에 거처를 옮기겠다는 결심을 하면서 어렴풋이 아소재는 집이 네 채라 한옥 체험을 하면 좋겠다는 생각을 했다. 본채에 아소재라는 이름을 붙인 후, 나머지 세 채에도 어떤 이름을 지어줄지 고민했다. 그래서 탄생한 이름이 성우당과 소미재, 그리고 기어대장간이다. 성우당은 비(雨)가 별(星)처럼 쏟아지던 날 지었고, 주방 공간으로 사용하는 소미재는 웃으며(笑) 맛(味)을 낸다는 의미를 담은 이름을 붙였다(원래는 소미당이라고 해야 하지만!). 그리고 기어대장간은 지금은 창고로 사용하고 있지만 곧 북 카페로 변신할 것이다. '기어대장간'이라는 이름을 들으면 어쩐지 뭔가를 만들어내는 곳 같은 느낌이 들지 않는가. 맞다. 나는 그 안에서 새로운 것을 만들어낼 예정이다. 사람과 사람이 살아가는 또 하나의 연결 고리를 말이다.

해인사에 갔다가 우연히 발견한 한옥 아소재는 5년 동안 새로운 주인을 찾지 못하던 집이었다. 아소재는 나에게 '인연'이 무엇인지 많이 생각하게 해주었다.

전체적으로 다 조금씩 손을 보았지만, 가장 많이 고친 곳이 바로 부엌으로 사용하는 소미재다. 마당이 잘 보이도록 통창을 만들고, 나만의 전용 공간을 황토방으로 만들었다(위 : 개조 전 모습, 아래 : 개조 후 모습).

아소재 본채는 이전 주인이 다도 등의 체험 프로그램을 하면서 이용했다고 한다. 나무 기둥과 바닥에 손수 옻칠을 했고, 현판도 새로 해 달았다. 마당에 있었던 돌과 나무를 치우니 본채 앞 마당이 훨씬 시원해졌다(위 : 개조 전 모습, 아래 : 개조 후 모습).

짐을 꾸리고 짐을 풀다

나라는 사람은 버려야 할 것들을 잘 버리지 못한다. 쓰레기통에 넣었다가도 다시 끄집어낸다. 그래서 때때로 아들 녀석이 신기하다. 어쩌면 저렇게 갖고 있던 것들을 휙! 하고 잘도 버리는지. 그 녀석은 책상을 정리한다고 하면 서랍째 쓰레기통에 부어버리곤 한다. 그러면 난 버린 쓰레기통을 뒤지며 구시렁댄다.

"아니 멀쩡한 걸 왜 버려?"

그런데 그렇게 건져낸 것들을 다시 쓰는 일이 별로 없다는 게 문제였다. 아까워서 모셔둔 옷들, 아까워서 쌓아둔 그릇들, 아까워서 누구 주지 못하는 책들, 아까워서 밀어내지 못한 사람들. 아깝다는 말이 언젠가는 한 번쯤 버린 것들이 필요할 때, 후회하지 않기 위한 장치라는 걸 알지만 그러기엔 보관 비용이 너무 크다. 이번엔 때가 된 것이다. 질문을 바꾸기로 했다. '무엇을 버릴까'가 아니라 '무엇을 가지고 있을 것인가'로 말이다. 그러고 보니 갖고 있어야 할 것들이 그리 많지 않다는 것에 놀랐다.

짐이 꾸려졌다. 냉장고, 옷가지, 신발 서너 켤레. 이렇게 말하니 냉장고가 가장 큰 살림살이같이 느껴진다. 가구를 버리고 나니 무척 홀가분해졌다. 만약 집을 버리면 얼마나 더 가벼울까? 잠시 그런 생각을 했지만 아직 집은 아니라고 생각했다. 왜냐면 머물 곳이 있어야 떠날 수 있을 것 같아서였다.

그런데 막상 짐을 옮겨놓고 보니 문제가 생겼다. 어디다 무엇을 들여놓아야 할지 모르겠다는 것이었다. 한옥의 열린 공간을 감당하기 어려운 첫 번째 이유는 수납공간이 없다는 점이다. 방 안에는 벽장이 있어야 하고 밖에는 광이 있어야 하는 이유가 바로 그것이다. 그런데 이곳은 벽장도 광도 없었다. '이 살림살이와 짐들을 어찌 들여놓아야 하나?'

드디어 현실감이 밀려왔다. 지금까지 살았던 곳이 '조금 더 편리하게 조금 더 안락하게'를 추구하는 아파트였는데 그곳에서 벗어나니 무엇을 어찌 해야 하는지 막막했다. 집을 조금만 고치기로 작정해도 오래 생각하고 오래 궁리하기 마련인데, 준비라고는 눈곱만큼도 하지 않은 상태에서 덜컥 이사를 결정했기 때문에 시작부터 살면서 감당해야 할 일이 실로 난감하기 이를 데 없었다. 더구나 여긴 덩치가 큰 한옥인데.

아쉬운 대로 그냥 지인들과 함께 집을 손볼까 하며 잠시 숨을 고르고 있을 때 마을 젊은 청년회장이 자기가 맡아서 집을 고쳐도 되겠냐고 했다. 망설임 없이 좋다고 했다. 그렇지 않아도 연고는커녕 비빌 언덕이 하나도 없던 차에 마을 사람이 이 일을 해주면 마을에 신고식은 확실하게 치르게 될 것이라는 생각이 들었다. 지금 생각해도 그건 잘한 일이었다. 주로 혼자 있는 나로서는 무슨 일이 생기면 멀리 있는 가족에게 S.O.S를 치는 것보다 가까이 있는 이웃 사촌이 훨씬 발 빠르기 때문이다.

일단 급한 것부터 메모했다. '무엇이 제일 급한 일이지?' 일을 시작하기 전에 잡목처럼 보이는 풀부터 베어야 할 것 같았다. 그 무렵 여름이 한창이라 풀이 기세등등하게 올라오고 있었던 터라 누가 혹 "뱀 나온다!" 하는 말이라도 하면 놀라서 마루로 먼저 뛰어올랐다. 어쨌든 일단 일이 시작되었다. 그렇게 시작된 일들이 자고 나면 생기고 자고 나면 또 생기고 했다. 그래서인지 하루 종일 동동거려도 내가 한 일은 표가 안 났다. 더구나 아파트의 합리적 동선에 길든 내게 한옥의 동선은 실로 만만히 볼 일이 아니었다. 저녁마다 "에구 다리야!"라는 소리가 절로 나왔다. 문을 열었다 닫았다, 신발을 벗었다 신었다, 게

다가 싱크대며 바닥이 덜 준비된 불편한 부엌에서 일하는 분들 점심이며 참을 내가는 일은 완전 노동의 극치라고 생각했다.

일단 집수리에 들어가자 집은 하루아침에 소란해지기 시작했고 오래 가라앉아 있던 무거운 침묵의 장막이 조금씩 벗겨지기 시작했다. 사람들 소리가 묵은 서까래 위로 올라가고 마루를 밟고 문을 여닫자 사람 냄새가 나기 시작했다. '아, 사람이 산다!' 바로 그거였다.

그때부터 마을 사람들도 들여다보기 시작했다.

"젊은 사람이 왔네."

"누가 온 겨?"

"집을 사서 왔다고? 고치려면 돈깨나 들겠네."

그래, 누구 말마따나 돈이 많았으면 덜 힘들고 덜 피곤했을까? 어쨌든 넉넉지 않은 돈에 필요한 일만 해야지, 했는데 돈은 언제나 생각지 않은 데서 깨졌고 일은 늘 생각보다 조금씩 어긋나는 느낌이 들었다. 그나마 원래 천성이 버둥거리는 법이 별로 없어서인지 이런 일을 시작하기에는 아주 바람직한 품성으로 판명되고야 말았다. 아니면 스트레스받는다고 진즉에 드러눕고 말았을 것이다.

위 : 성우당 방은 꽃잎을 넣은 벽지와 퀼트 작품을 이용해 꾸몄다. 아래 : 한옥은 이 공간에서 저
공간으로 이동할 때 신발을 신고 이동해야 해서, 집 곳곳에 검정 고무신을 준비했다.

위 : 숙박을 하지 않고 잠시 들르는 사람들이 쉬면서 차 한잔 마실 수 있도록 본채 내부에 나무 탁자를 마련했다. 아래 : 소미재 통창 앞에 놓은 작은 탁자는 책을 읽거나 차를 마시며 휴식할 수 있는 나만의 안식처다.

푸세식은 힘들어

진짜로 급한 게 뭐냐고 스스로에게 물었다. 첫째, "화장실이랑 세면장!" 하고 소리쳤다. 정말이지 난 밤에 '푸세식' 화장실에 가는 것이 무서웠고 샤워도 쪼그리고 앉아 씻는 게 아니라 서서 하고 싶었다. 두 번째, 겨울에도 따뜻한 방! 작고 아늑한 방이 있어야겠다는 생각이 들었다. 누에가 고치를 틀듯 말이다. 세 번째, 환한 주방 만들기. 그리고 노후한 전기와 보일러 시설 손보기.

이렇게 급한 불부터 차례로 끄자고 작정을 하긴 했는데 매번 일은 생각만큼 간단하지 않았다. 이유는 단 한 가지. 내가 한옥에서 살아본 적이 한 번도 없었기 때문이다. 집을 고쳐가며 산 적은 더더군다나 없었을 뿐만 아니라 그 흔한 아파트 이사를 다니면서도 도배 말고는 딱히 한 일이 없었다. 그랬으니 일이 어떻게 돌아가는지 하나도 모르면서 일하는 사람들한테 일일이 다 일러주고 결정해주어야 한다는 게 보통 어려운 일이 아니었다. 때때로 막막함이 밀려왔다. '내가 미쳤나 봐! 내가 미쳤나 봐!' 하지만 어쩌겠는가? 난 돌아갈 곳을 남겨두지 않았다. 그러니 여기서 살아야 한다. 그러려면 나한테 맞게 집을 고쳐야 한다. 이곳에서 오래오래 살고 싶다면 말이다. '좋아, 해보자.'

낮에는 어찌어찌 '푸세식' 화장실을 가겠는데 밤에는 도저히 갈 엄두가 나지 않았다. 그래서 밤마다 이곳에 내려오던 해 한 달간 함께 지낸 손재주 많은 처자 지현이랑 둘이서 마당 모퉁이마다 거름(?)을 쳤다. 그러고 보니 우리 집 잔디가 유난히 잘 자라는 이유가 거기에 있었나? 어쨌든 별 보며 참 볼일 많이도 봤다. 이래저래 화장실 겸 샤워실을 따져보니 전부 네 개는 만들어야 할 것 같았다. 나만 쓰자면 네 개씩이나 필요하진 않지만 한옥 체험을 하려면 그 정도는 당연히 있어야 했다.

그러자니 일단 정화조를 묻는 일이 급선무였다. 또 생활하수 내려보낼 파이프도 새로 묻어야 했다. 그때부터 마당이 파헤쳐지기를 수차례. 본채 뒤쪽에 두 개의 화장실을 지었다. 원래 있던 굴뚝을 그대로 살린 채 지어서 화장실 안에 굴뚝이 들어왔다. 굴뚝이 열려 있어 여름이면 벌레가 기어 들어오고 겨울이면 찬 바람이 들어와 수건으로 막아야 하지만 그럼에도 난 굴뚝을 헐지 않은 걸 다행으로 생각한다.

단, 처음에 아소재 서재 공간은 바로 화장실과 연결되도록 계획했는데, 내가 외출하고 오는 동안 문이 될 자리에 이미 벽돌을 쌓아놓는 바람에 꿈의 화장실에 대한 계획에 살짝 금이 갔다. 미적거리면서 이미 시멘트로 굳은 벽돌을 내려놓자고 하지는 못했다. 어떻게든 수용해봐야지. 이게 바로 전투적이지 못한 전형적인 내 삶의 스타일이다. 그런데 아쉬움이 아직도 남아 있는지 종종 서재에서 화장실이 가고 싶을 때면 그때 그 일을 밀어붙였어야 했나 하고 생각하게 된다.

어쨌든 본채에 화장실 두 개랑 소미재에 두 개의 화장실이 들어섰다. 생각 같아서는 세면기를 돌확이나 나무확으로 하고 싶었는데 여기서는 그런 일들이 만만치 않았다. 2퍼센트 미련을 갖는 게 이래저래 내 한계이구나 싶을 뿐이다. 지금 당장은 그냥 씻는 데 불편하지 않는 것을 우선으로 하자. 디자인? 그건 나중에 고려해야 할 일이다. 그러다 보니 가장 일반적인 것이 가장 편리하고도 아름다운 것이 되었다. 물론 비용 문제가 그런 결정을 더 쉽게 내릴 수 있게 만들기도 했지만.

위 : 소미재 뒤편에도 화장실과 세면장을 만들었다. 아래 : 한옥 체험을 염두에 두고 본채 뒤쪽에 만든 두 개의 화장실. 두 개 다 원래 있던 굴뚝을 그대로 살렸다.

내 취향을 반영한 나만을 위한 공간

지금 생각해도 잘한 일은 소미재 한쪽 공간을 개인 공간으로 만든 것이었다. 겨울이 되면 한옥은 무척 춥다. 그래서 생각한 것이 '겨울을 위한 방'이다. 작은방에 방 하나 더 내달기. 그것도 나무 때는 방으로. 그럼 구들을 놓아야 했다. 그리고 이왕 만드는 거 벽은 황토 벽돌로 쌓기로 했다.

방이 완성되어가는 걸 보고 있자니 뭔가 그럴듯한 느낌이 들어 매일 일하는 데를 서성거렸다.

"창은 길게 해주시면 안 될까요?"

"길면 보기 싫어요."

돌아온 대답인즉 그랬다. 규격화된 창문틀을 사용하지 않으면 손이 더 가서 작업하기 힘든가 보다, 하면서도 나는 완곡하게 다시 말했다.

"긴 창이 필요해요."

마침내 사이즈가 조금 줄어든 창이 하나 탄생했다. 그 창을 열면 뒷길 소나무가 들어온다. 그것을 아는 내가 어찌 창을 포기할 수 있겠는가! 천장에는 나무 기둥이 그대로 드러나게 하고 바닥에는 장판지를 바르고 그 위에 옻칠을 했다. 옻칠을 할 때는 마치 내가 화가라도 된 듯 세심하게 붓질을 했다. 그럴 수밖에 없는 게 한지가 어찌나 칠을 잘 빨아들이는지 붓이 닿자마자 다시 칠을 해야 하는 상황이 벌어졌다. 그러다 보니 바닥에 짙고 여린 붓 자국이 그대로 드러났다. 어쩔 수 없이 이것도 멋스럽다고 혼자 위로하는 수준에 이르렀다. 그런데 내가 옻을 타는지 한동안 가려워 고생을 좀 했다.

그때 구들을 놓는 것이 신기해 열심히 들여다봤는데 가만히 보니 옛날 방식은 아니었다. 네모 반듯반듯한 돌판을 고래 위에다 얹으니 끝이다. 이래도 되나?

너무 간단했다. 난 솔직히 옛날 방식을 기대했다. 그래서일까? 불을 넣으니 불길이 앞으로 다 나왔다. 어딘가가 잘못되었나 보다. 할 수 없이 팬을 하나 달았다. 그래야 나무를 땔 때 앞으로 나오는 연기 때문에 눈물 흘리는 일을 피할 수 있으니 말이다. 대신 깜박 잊으면 안 된다. 불을 지핀 다음에 얼른 팬을 멈춰야지, 아니면 애써 피워 올린 불기운이 다 빨려 나간다.

한번은 그런 적이 있었다. 나무를 평상시보다 엄청 많이 꾸역꾸역 집어넣어 방을 지글지글 타오르게 하겠노라 했는데 어찌 된 일인지 밤새 불기운이 느껴지지 않았다. 오히려 아침나절에 남아 있던 훈기마저 없어졌다. 그제야 아차 싶었다. 아니나 달라? 나가보니 팬이 열심히 돌아가고 있었다. 그나마 전날 남아 있던 불기운마저 다 빨아내고 있었던 거였다. '에구, 잘했다. 잘했어.'

하여간 소문이 났다. 찜질방 하나 생겼다고. 그 방에서 자고 싶어 하는 사람들이 줄을 섰다.

"나 거기서 지지면 안 돼?"

우리 나이쯤 되면 거의 매일 찜질방 수준으로 뜨끈뜨끈한 방바닥에서 지지고 싶은 거지. 이해한다. 그래 친구들아, 와서 쉬어라!

처음 이 집을 봤을 때 가장 어두운 모습을 하고 있던 공간이 소미재였다. 집단 취사를 위한 식당용 가스레인지와 싱크대 그리고 샤워기 세 개가 나란히 달려 있는 공간. 그게 다였다. 부속 건물에는 작은방이 하나 숨어 있었다. 그런데 나를 제일 답답하게 한 것은 무엇보다 불안정한 창살문에 안으로 덧댄 합판 때문에 문을 안에서 닫으면 숨이 막힐 정도로 어둡고 답답하다는 사실이었다. '이곳을 주방으로 사용할 건데 어찌하면 좋지?' 결심했다. 주방이 즐거워야 내가 즐거울 수 있다는 가장 간단명료한 이유를 들어 공사에 들어갔다.

'첫째, 밖이 보였으면 좋겠어.' 그래서 부서져가는 문을 다 떼어냈다. '가운데는 유리문 통창으로 하겠어. 그리고 나머지도 다 유리문으로 할 테야.' 늘 조금 다른 걸 제안하면 청년회장이 고개를 갸우뚱했다. 그래도 금방 "그래요" 했다. 좋은 사람이다. 유리창이 얇은 걸 빼고는 일단 한옥 덧문 없이 환한 공간이 되었다. '둘째, 선반을 많이 달래.' 갖고 있던 오래된 나무들을 이리저리 골라서 매달기 시작했다. 그리고 주물로 된 선반 다리를 구했다. 막상 이 부분은 가녀린 지현이의 힘을 여러 번 빌렸다. 그는 늘 이렇게 큰 소리로 말했다.

"제가 해드릴게요."

둘이서 나무를 자르고 샌드페이퍼로 문지르고 급기야는 그 여린 팔에 드릴을 들게 했다. 요령부득인 난 그저 보조 역할에 충실할 뿐이었다. 이 공간에서 손볼 곳이 또 있었으니 그것은 바로 창문을 시멘트로 덕지덕지 발라놓은 곳이었다. "저기도 선반으로 바꿀래." 또 한 번 힘을 썼다. 지금 생각해보면 상상도 못할 일이다. 이와 비슷한 일을 누가 하겠다 하면 원래의 모습을 필히 그냥 남겨둘 일이라고 강력히 주장하는 바이다.

"싱크대는 어떻게 할까? 문이랑 상판은 우리가 갖고 있는 나무로 할까?"

그러자고 지현이가 또 선뜻 나서는 바람에 일이 커졌다. 일단 안에 들일 싱크 구조물만 주문하고는 문짝하고 상판은 갖고 있던 나무판을 다듬어 적당한 것으로 올려놓기로 했다. 문은 두꺼운 한지와 금 펄 천연 페인트가 재료의 포인트가 되었다.

"저거 만들었어요?"

주방에 들어와 앉은 사람들이 싱크대 문짝을 보며 하는 말이다. 자랑스럽게 "그럼요" 한다. 상판은 도마처럼 보이는지 간혹 싱크대 앞에 서는 사람들이 도마를 잊고 그 위에 직접 칼질을 한다. 도마를 이렇게 놓으니 좋은데요. 그럴 때 난 씨익 웃기만 할 뿐 아무 말도 하지 않는다. 여자들은 이상하게 선반을 좋아한다. 작은 공간에 선반 하나만 있어도 뭔가 색다른 분위기로 받아들이는 거다. 그래서일까? 가끔은 선반 하나를 위해 벽 전체를 비울 때도 있다. 채우려면 비워야 한다는 것을 어렵지 않게 깨닫게 된다.

원래는 주방의 천장을 덮고 있는 합판을 떼내려고 했다. 한옥이 무엇인가? 서까래가 포인트 아닌가, 이러면서 말이다. 그래서 일하는 분께 천장을 살펴달라고 했다. 혹시 서까래가 나올 만한지 한번 보겠다고 하며 천장에 일단 구멍을 조그맣게 내서 올려다보더니 안 되겠다며 다시 덮자고 하셨다. 일이 너무 커진다는 말씀이었다. 난 서까래가 나오는 부엌을 갖고 싶었다. 그런데 일이 진행되면서 난 내가 원하는 대로 하려면 '스스로 노동력을 제공하든지 아님 비용을 감당하든지'라는 아주 냉철한 자본주의의 속성을 깨닫게 되었다. 노동력도 안 돼, 자본도 없어, 그럼 할 수 없는 거다. 당분간 보류라는 말로 위로하는 수밖에. 그렇게 위로하며 천장을 하얗게 한지로 발랐다. 늘 최선이 아니면 차선이라는 평범한 사실을 몸으로 체득하는 순간이었다.

어쨌든 소미재는 사람들이 의외로 재밌어하는 공간이 되었다. 한옥을 구태의연하게 상상하던 사람들에게는 내가 쓰는 작은 선반이나 그릇조차도 눈여겨볼 만한 것이 되는구나 싶은 게 종종 처음 오는 사람들을 재미 삼아 일부러 이곳에 먼저 들이기도 한다.

처음 아소재에 왔을 때, 전깃줄이 늘어진 곳이 많았다. 어디서 어디까지 손을 봐야 할지 도무지 감이 잡히지 않았다. 중요한 것은 내가 일을 잘 모르니 일하는 사람에게 무엇을 어떻게 시켜야 할지 막막하다는 것이었다. 어쨌든 콘센트 하나 어디에 설치해야 편리한지 한옥 생활이 아직 자리 잡지 못한 티를 팍팍 내며 일하시는 분의 감에 의존하는 일이 다반사였다.

그러다 전기 스위치를 교환할 일이 생겼다. 오래된 스위치였다. 깨끗이 닦아서 쓰면 될 것 같아 새것을 다시 주섬주섬 쌌다.

"잠깐만요. 이 스위치 안 바꿀래요. 그냥 다시 붙여주세요."

난 이 동그란 스위치가 정겹다. 세련됨이 없어서다. 어렸을 적 똑딱거리던 느낌이 되살아나서 그런 거 아닐까? 일하던 분들이 갸우뚱하셨다. 새것 싫다는 사람이 이상한 거였다. 누군가의 손길이 수없이 닿았을 스위치. 어둠을 밝히기 위해 또는 더 이상 어둠을 밝힐 필요가 없을 때 닿았을 스위치에 나 또한 애정 어린 손끝을 대보았다. 불이 때로는 바깥만 밝히는 게 아니지 싶다.

대충 사람이 살 만하게 집 안의 기본 구조가 갖춰지자 누렇게 변해 심란하기 이를 데 없는 창호문이 눈에 들어왔다. 창호지를 다시 붙여야 하는 대작업이 기다리고 있는 것이었다. 평소에는 청소를 잘 안 해도 이사를 가거나 하면 전에 살던 사람 보란 듯이 청소를 해대는 게 나의 스타일인지라 여기서도 예외는 아니었다. 제일 먼저 눈에 거슬리는 게 먼지가 가라앉다 못해 시커멓게 변해 버린 창호문이었다. '저 녀석들을 먼저 갈아야지.'

그런데 종이를 떼는 게 쉽지가 않았다. 오래 묵기도 했고 여러 번 위에 덧대어가며 창호지를 발랐기 때문이다. 물수건을 만들어 톡톡 두드려도 쉽게 떨어지지 않기에 아예 문짝을 떼어내어 수돗가로 나갔다. '나무에 가라앉은 먼지 좀 봐' 하면서 수세미로 벅벅거리고 있는데 지나가던 동네분이 한 말씀하셨다.

"에구, 새댁!"(여기선 오십 줄 나이의 내가 '새댁'이라 불린다!)

"그렇게 물에다 텀벙 담그면 문짝이 불어 틀어지는데, 우짤라고?"

"예?"

놀라서 얼른 건져냈다. 그러고 보니 문틀이 퉁퉁 불어 있다. '생각을 좀 하지.' 누군가 분명 그러는 것 같았다. 지현이가 이때도 힘을 썼다. 둘이서 묵은 창호지를 긁어 떼어내고 말간 창호지를 조심스럽게 붙이면서 이 일을 매년 할 수 있을까? 스스로에게 물었다. '어려워. 정말 어려워.' 간혹 어르신들이 집에 오시면 그러셨다.

"예전에 여기다 국화 잎도 끼우고 코스모스 잎도 끼워 창호를 발랐는데."

아마도 가을날 겨울 준비를 하기 위해 구멍 난 창호지를 때우고 문풍지도 붙이고 하면서 창호갈이를 할 때 심심하지 말라고 옆에 있던 나뭇잎이며 꽃잎으로 잠시 멋을 냈던 때가 떠오르셨는가 보다. 다음에 창호를 붙일 때는 나도 그런 멋을 살짝 부려보리라 마음먹었다. 그 순간 우리 집 단풍나무가 바람에 흔들리는 것이 눈에 들어왔다.

그렇게 집이라는 공간을 난생처음 만들어나가듯 첫해 여름이 정신없이 지나갔다. 잠을 자고 먹고 씻고 볼일을 보는 데 최소한 누릴 수 있는 것들을 위한 준비만 하는 것이었음에도. 어쩜 이곳이 애초부터 살림집이었어도 아마 처음에 내가 허둥지둥했던 것은 여전했을 것이라고 지금도 생각한다.

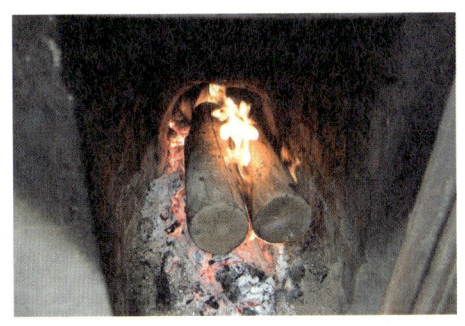

위 : 아소재에 와서 가장 잘 한 일 중 하나가 바로 장작불로 난방을 하는 황토방을 만든 것이다.
아래 : 아소재의 방에 붙은 한지 벽지를 유심히 살펴보면 그 안에 자연이 숨어 있다.

손님들이 머무는 성우당 방 안의 모습. 문을 열어 놓으면 본채와 앞마당, 소미재가 한눈에 들어
온다.

왼쪽 : 황토방을 장식한 소품들. 시골 장터에서 흔히 볼 수 있는 뒷박을 사다 직접 옻칠을 해 아주 은은한 빛깔이 도는 멋진 인테리어 소품을 만들었다. 오른쪽 : 난방이 잘되지 않는 한옥의 특성을 생각해 특별히 만든 황토방. 아궁이에 불을 지피면 나만의 찜질방이 된다. 이 집에서 가장 호사스러운 공간이다. 가로로 길게 만든 창도 멋스럽다.

1. 시골 한옥 개조, 어디서부터 어떻게 하면 좋을까요?

① 우선 제일 중요한 질문인 '왜 시골에서 살고 싶은지', '왜 한옥이어야 하는지' 자신에게 질문하라. '왜'에 대한 확실한 답이 나와야 그에 맞게 집을 고칠 수 있다. 한옥 그 자체가 좋다면, 약간의 불편함을 감수할 각오로 원형에 가까운 모습을 유지하는 쪽으로 수리해야 하고, 편리함에 방점을 두었다면 과감하게 포기할 것은 포기하고 원하는 기능에 충실하게 개조해야 한다.

② 개조 방향이 정해졌다면, 무엇이 제일 급한 일인지 순서를 정해야 한다. 아마 대부분은 동선을 고려한 주방, 화장실과 세면실, 난방 문제 해결을 급선무로 꼽을 것이다.

③ 가능한 한 집 안에 수납공간을 들이는 것이 좋다.

④ 반드시 연장을 보관하는 창고를 하나 마련하라. 한옥에서 살면 연장이 필요한 순간이 종종 찾아오기 때문이다.

⑤ 본격적으로 살기 전에, 나무(마루나 기둥)에는 천연 오일을 듬뿍 먹이고 기와는 미리미리 새지는 않는지 점검하고 교체해야 할 것은 점검해야 한다.

⑥ 당장 급하지 않은 것 같아도 생나무나 대나무를 이용해 낮은 울타리를 만드는 것이 좋다.

⑦ 마지막으로 한옥 생활의 묘미를 한껏 살리기 위해 공간 계획을 세울 때, 내가 가장 아끼는 곳에 창과 나만의 공간을 만든다.

2. 집에 나무를 심어보려고 하는데, 어떻게 하면 좋을까요?

① 나무가 자랐을 때를 생각해 크게 자라는 나무는 집 가까이 심지 않는 것이 좋다.

② 일반 나무도 좋지만 과실나무를 심으면 꽃도 보고 과일도 먹는 기쁨이 있어 추천하고 싶다. 과일이 달리는 계절을 염두에 두어도 좋다. 봄에는 앵두나무와 매실나무, 가을에는 감나무나 대추나무 중 한 그루만 있어도

저절로 행복해질 수 있다.

③ 나무를 심고 아래에 야생화를 심으면 훨씬 '그림'이 좋아진다.

3. 시골 생활의 난방, 어떻게 하는 것이 좋을까요?

① 일단 예상 난방비와 노동력의 한계를 가늠해보아야 한다.

② 군불을 때는 방에 살고자 한다면 산에 가서 나무를 해 오거나, 구입해야 한다. 산에 가서 직접 나무를 해 오면 내 노동력만 있으면 되니 난방비는 물론 아주 저렴해진다. 나무 구입은 때에 따라 다르지만 보통 한 차에 50만~60만 원 정도 하며 나는 한 차 주문해서 3년 동안 방 하나의 난방을 해결했다.

③ 연탄보일러라면, 시간에 맞춰 연탄을 갈아야 하는 불편함은 있지만 저렴한 비용으로 따뜻한 겨울을 날 수 있다는 장점이 있다. 편리한 전기 패널을 사용하기도 하는데, 이건 심야 전기라고 해도 비용이 만만치 않다. 또

바닥은 따뜻해도 공기가 따뜻해지지 않아 추운 곳에서 살아야 한다면 고려해야 한다. 마지막으로 기름보일러는 추천하고 싶지 않다. 웬만한 사람은 감당하기 어려울 만큼 엄청난 난방비가 나오기 때문이다.

④ 정착 비용에 여유가 있다면 태양열을 이용하는 것과 지열을 이용해 난방을 하는 시설을 갖출 수도 있는데, 모두 경제적이기는 하지만 초기 비용이 많이 든다는 단점이 있다. 어쨌든 중요한 것은 경제 사정이나 주변 환경에 맞게 결정해야 한다는 것이다.

⑤ 난방을 효율적으로 하려면 역시 집을 고칠 때 꼼꼼하게 공간을 체크한 후, 단열재를 잘 사용해야 한다는 것을 명심한다.

세상사 물 흐르듯 자연스럽게

집을 손보기 시작하는데 이웃에 계시는 어르신이 찾아오셔서 한 말씀 하셨다.

"이사 오는 겨?"

"예."

마침 마을에서 물을 산에서 끌어와 파이프로 연결해 먹으려는데 같이 선을 연결하겠냐는 말씀이었다. 그리고 보니 이 집은 여태 물을 지하수를 파서 공급하고 있었다. 모두들 지하수는 이제 못 먹는다고 했다.

"예, 그러면 감사하지요."

그렇게 해서 물이 연결되었다.

"늦지 않아서 운이 좋구먼요."

대신 물값을 내야 한다는 말을 참 어렵게 하셨다. 난 기꺼이 낼 준비가 되어 있노라 말씀드렸다. 그리고 우리 집을 빼놓지 않고 타지에서 온 사람에게도 물길 내주어서 고맙다고 몇 번이고 말씀드렸다. 진심이었다. 나중에서야 알았다. 페놀 사건이 있었을 때 약수를 받으러 대구에서 가야산 이곳까지 물통을 들고 오는 사람들로 장사진을 쳤단다. 난 운도 좋지. 그 물을 바로 수도꼭지에서 받아 마시고 씻고 마당에 뿌리고 하니. 물맛이 좋아서인지 차를 하시는 분들도 따로 생수를 준비할 필요 없이 차를 끓여도 좋다고 하신다. 나 또한 못 담그는 장맛이 좋은 것도 커피 맛이 좋은 것도 감히 물맛이라고 장담한다. 물길이 절로 내게로 이르는 것을 보았다. 집 뒤에 농수로가 있고, 그 앞으로는 산에서 내려오는 물길이 있다. 이 물길을 어떻게 활용하면 좋을까? 혹시, 연못이 가능할까? 옆에서 청년회장이 가능한 일이라고 했다. 그래서 땅속으로 흘러 집 아래 논으로 내려가는 산물을 잡아 웅덩이를 팠다. 그리고 안에 돌을 조금 쌓아 꼬마 연못을 만들었다. 그리고 그 물길을 아래로 보내 못을 또 하나 만들고 그곳에서 돌아 나오는 물은 생활하수로 빠져나가게 했다. 그러다 보니 생각지 않게 두 개의 연못을 갖게 되었다. 연못이라기엔 조금 거창해 보여서 얼른 꼬마라는 말을 앞에 붙였다.

그 무렵 정화조 공사를 하고 있을 때였는데 아래 논 어르신께서 오셨다. 산물이 벼농사에 안 좋으니 물길을 돌려달라는 말씀이었다. 나야 물길 돌리는 일이 전혀 어려운 일이 아니라서 그렇게 하겠다고 했더니 엄청 고마워하셨다. '별거 아닌데…' 그저 난 그 물길을 잡아 작은 연못 두 개를 만들어 뿌듯하기만 했다. 그런데 어르신 말이 맞았다. 산물이 차가워서인지 신나서 사다 심은 연이 살지를 못했다. 그제야 벼농사가 안 된다는 이유를 확실하게 알았다. 연을 심고 싶은 아쉬운 마음은 어느 날 동네분이 연못에 물가에서 잡아 온 작은 물고기 몇 마리를 풀어놓고 가시는 바람에 잠시 접을 수 있었다.

연못 주위에 무엇을 심을까? 그때부터 그게 나의 관건이 되었다. 워낙 풀로 극성을 부리던 땅들이라 척박하기 그지없고 꽃을 심은들 잘 자라줄까 싶었지만 그림은 그릴 수 있었다. 연못 주위에 수선화가 쫙 피면 정말 환상적이겠지? 꽃들을 무더기로 피우고 싶어 하는 나의 바람이 꿈을 꾸는 순간이었다. 하지만 이것저것 욕심내어 심었는데 다른 애들은 감감무소식이고 두 해째 봄에 수선화만 피어주었다. 그것도 일곱 송이. 잡풀에 죽지 않고 뿌리를 내린 것이다. 또 지난봄에는 엄마 집에서 얻어 온 노란 창포가 꼿꼿한 자태를 화려하게 보여주었다. 물 흐르듯 꽃들도 저 날 자리 찾아 알아서들 피고 진다. 때때로 조금 늦을 뿐이다.

한해가 지나면서 생각지 않은 복병을 만났다. 대청마루에서 보면 시야가 탁 트여서 눈앞에 논이 펼쳐지고 세 개의 봉우리가 부드러운 능선을 이루는 산이 보이는데 그 자리에 농협이 들어선다는 이야기가 들렸다. 그리고 어느 날 무지막지한 차들이 들어오더니만 곧 9917제곱미터(약 3000평)가 넘는 논이 사라지고 멋없는 조립식 건물이 지어졌다. 고즈넉한 풍경이 눈에 거슬리는 건물 때문에 하루아침에 사라져버린 것이었다. 보기만 해도 숨이 막혔다. '어쩌지? 어쩌지?'

그렇게 궁리하다 집 아래 논을 조금 더 구입했다. 잘못하다간 집 바로 아래까지 건물이 들어설 것 같은 조바심 때문이었다. 그나저나 무얼 어찌 해보겠다는 생각 없이 논부터 덜컥 사놓고는 그때부터 궁리에 들어갔다. 1157제곱미터(약 350평)나 되는 논을 무엇으로 활용할 것인가? 그냥 농사를 지을까? 일년은 땅을 놀리느니 벼농사를 지어보자고 사람을 사서 했는데 다음해에도 계속할 자신은 없었다. 실제로는 앞 건물에서 시선을 돌리고 싶은 마음으로 사들인 논이라 어느 날 차를 마시러 오신 스님 한 분이 지나가는 말로 연 밭을 하면 좋을 텐데, 하시는 말씀에 또 두서없이 일을 진행시켰다.

연 밭, 하는 순간 머릿속에 불이 반짝 들어오는 느낌이었다. 맞아, 원래 논이 었으니 물만 담으면 되는 거 아닌가? 연을 바라보느라 시선이 건물로 향하는 걸 좀 막을 수 있지 않을까? 하여간 어떻게든 새 건물에 대한 마음속 불협화음을 소화하려고 노력했다. 그런데 나의 한계는 여기까지. 물이 어디로 들어와서 어디로 나갈 것인지 또 연을 어떻게 심을 건지 궁리를 해야 하는 일은 생각지도 못하고 일부터 벌인 것이다.

굴착기가 들어왔다. 논바닥에서 돌이 엄청 많이 나왔다. 그것으로 가장자리를 둘렀다. 그리고 물은 아쉬운 대로 미니 양수기로 농수로 물을 퍼 올렸다. 그런데 문제가 생겼다. 내 연 밭은 아래쪽 논하고 상관없이 물이 들고나야 하는데 아래 논으로 물이 계속 스며들어 아래 논을 무논으로 만들고 있는 것이었다.

처음엔 이해하지 못했다. 아래 논 어르신이 왜 물이 내려온다고 언짢아하시는지. 알고 보니 연 밭을 만들면 모 심기 전에 우리 집 연 밭에서 내려오는 물이 논을 질퍽거리게 해 잡초는 잡초대로 무성해지고 땅 고르기는 땅 고르기대로 안 될 것이고, 더구나 가을걷이 때는 논이 말라 있어야 하는데 우리 집 연 밭에서 내려가는 물 때문에 벼가 다 젖게 된다는 말씀이었다. 어쨌든 요지는 시도 때도 없이 우리 연 밭에서 내려가는 물이 벼농사에 도움이 안 된다는 것이었다.

어떻게 하지? 한 해 내내 전전긍긍했다. 누구는 비닐을 깔아야 한다고 했고, 땅 다지기를 다시 해야 한다고 했고 누구는 황토 흙을 깔아야 한다고 했다. 그런데 이미 연을 다 심고 난 뒤에 알게 된 일이라 쉽게 진행할 수 있는 상황이 아니었다. 연은 모내기보다 한 달 전에 심었는데 이 사실을 모내기할 무렵에서야 알게 되었기 때문이다.

논이었기 때문에 아래 논으로 물이 내려가는 것은 정한 이치였다. 그럼에도 내가 물을 대는 시기가 아래 논에 영향을 주니 남의 논에 피해를 주면서까지 내 연 밭을 고집하는 게 양심상 마음이 편할 수가 없었다. 그렇게 연 밭에 물을 넣었다 뺐다 하는 일이 생기자 연이 생생했다 시들었다 하기를 반복하니 그해 꽃을 한 송이도 피우지 못했다. 다시 2011년 봄에 연 밭을 위한 작업을 시작했다. 궁리 끝에 아래 논으로 물길을 내주면서 일단 우리 집에서 내려가는 물이 논으로 배어드는 것을 막았다. 그리고 생활하수로 빠져나가게 했던 뒤꼍의 꼬마 연못을 돌아 나오는 산물을 다시 돌려 연 밭으로 흘러 들어가게 했다. 그렇게 돌아 나오는 물이 덜 차갑길 바라면서 말이다. 이제 별 무리 없이 연 밭이 되겠지, 라는 생각에 아침저녁 연 밭 앞에 서는 일이 빼놓을 수 없는 하루 일과가 되었다.

연 밭을 만들면서 사람들과 부딪치지 않으면서 사는 비결은 문제를 해결하고자 하는 적극성이라는 것을 깨달았다. 무엇보다 나는 마을 어른들과 큰 소리를 내고 싶지 않았다. 어떻게 하는 게 좋은지 여쭈었다. 방법을 말씀하실 때마다 수용할 수 있는 것과 그럴 수 없는 것을 말씀드렸다. 다행히 그런 자세 때문에 어르신이 웃으면서 그러셨다.

"도무지 화를 낼 기회를 안 주는구먼."

어차피 해야 할 일을 하면서도 칭찬을 듣는 격이 되었다. 물론 그러느라 크고 작은 비용이 발생하긴 했지만. 연이 슬슬 자리를 잡아가는 걸 보니 위로가 되었다. 그나저나 꽃을 볼 수 있으려나? 그런데 다시 일이 발생했다. 얼마 전부터 꼬마 연못의 물이 줄어 연 밭이 다시 공황 상태에 빠진 것이다. 무슨 일이지? 왜 멀쩡하던 산물이 내려오지 않는 것일까. 아래 논 어르신이 그러신다.

"위 과수원에서 지하수를 판 모양이군." 그래서 물이 모자라 내려오지 않는 것 같다며, 하지만 그렇다고 내가 뭐라 할 수는 없단다. 곧이어 다시 연이 일어서지 못하고 주저앉기 시작했다. 물이 부족한 것이었다. 정말 마음이 상했다. 그러는데 어르신이 뒤 농수로를 뚫어 호스를 연결하라고 일러주셨다. 신경이 쓰이셨던 모양이다. 당신 논으로 드는 물길 잡기에 발 벗고 나서주었다고 이제는 나 이상으로 연 밭에 신경을 쓰시면서 물이 들고남을 살펴주셨다.

드디어 물이 다시 연결되고 나는 연에 좋다는 단백질 효소를 물에 희석해주는 애정을 퍼부었다. 힘이 없던 연이 일어서기 시작했다. 마침내 난 보고야 말았다. 연 밭에 봉오리 세 개가 떠 있는 것을. 그건 감격 그 자체였다.

마침내 연 밭을 만들면서 또 하나를 몸으로 배웠다. 세상사 물 흐르듯 사람에 일에 거스르지 말고 가는 것 말이다. 그게 아주 많이 자연스럽게 사는 것이라는 사실을 말이다.

위 : 우여곡절 끝에 물길을 만들어 조성한 연 밭. 농네 사람늘과 커뮤니케이션하는 일이 얼마나 중요한지를 깨닫게 해주었다. 중간 : 집 아래 논으로 내려가는 산물을 잡아 웅덩이를 파고 꼬마 연못을 만들었다. 봄에 노란 창포꽃이 피면 썩 괜찮은 그림이 된다. 아래 : 집 아래 논을 조금 구입해 만든 야심작인 연 밭. 애정을 쏟아부은 끝에 마침내 환한 꽃봉오리를 볼 수 있었다.

나무가 나를 돌아보게 한다

"이건 베어버리자고요."

동네분이 일하러 와서 제일 먼저 한 말이다. 집 뒤로 난 버드나무를 보고 하는 말이었다.

"왜요?"

"버드나무가 자고로 쓸모가 없다니까. 더구나 집 밑으로 들어가 집을 들게 생겼네."

나무를 벤다는 말에 전전긍긍하는 마음이 언제부터 들기 시작했는지 모르겠다. 정말이지 나무를 베는 일은 내게 참으로 내리기 어려운 결정 중 하나였다.

"정말 집을 들고 일어나나요?"

두말이 필요 없다는 표정에 그만 나도 "베세요" 그러고 말았다.

하지만 참, 생명력이라는 게 질기기도 하지. 그렇게 베어버린 나무둥치에서 봄만 되면 잎이 난다. 그걸 보며 또 이웃에서 그런다.

"여기다 석유를 부으세요."

끔찍하다.

"꼭 그래야 하나요?"

그 말에 무표정한 얼굴로 내가 시골살이를 제대로 하려면 멀어도 아직 한참 멀었다는 식으로 쳐다보며 다시 한 번 기를 죽인다. 다행히 나의 머뭇거리는 성향 때문에 아직 석유를 붓는다거나 뜨거운 물을 붓는 일은 하지 않고 있다. 그저 봄이랑 여름에 한 차례 여린 가지랑 잎을 제거해줄 뿐이다. 그나마 올해는 어째 잠잠하다. 지난겨울 추위에 정말 죽은 걸까?

시골에 와서 느낀 점은 사람들이 의외로 노동력의 절감과 현실성을 중히 여겨

어떤 일을 결정할 때 그것을 기준을 삼는다는 것이다. 예를 들면, "잔디 깔려고요" 그러면 예외 없이 돌아오는 말.

"풀을 어찌 감당하려고? 시멘트 확 발라요."

흙을 밟겠다고 하면, "비 오는 날 한번 걸어봐요. 어찌 되나?"

"버드나무도 봄날 꽃가루 날리는 거 보면 생각이 달라질 거요."

기어대장간 앞에 있던 버드나무를 베면서 집 안에 있는 버드나무란 나무는 다 베어버릴 것을 은근히 종용했다. 정신이 화들짝 들었다.

"아니요. 얘는 그냥 둘 거예요."

그렇게 해서 살아남은 나무가 지금 소미재 앞에 있는 왕버들이다. 처음엔 어딘지 어수선하기 그지없던 나무가 요즘은 사람들의 사랑을 듬뿍 받고 있다. 그늘을 만들어주는 살뜰함과 초록의 묘한 그림을 그려주고 있기 때문이리라. 버드나무과이긴 하지만 수양버들하고는 달라 사람들이 잘 몰라본다.

"무슨 나무래요?"

"왕버들이랍니다. 왜 있잖아요. 주산지에 있는 나무."

그러면 사람들은 아, 한다.

여름은 수돗가에 있는 나무가 제 모습을 그대로 보여주는 때이다. 버드나무 그늘 아래서 시원한 물 한잔 마시며 먼 산을 바라보고 있으면 세상 부러울 게 없다. 한동안 나무를 베어버린다, 그냥 둔다 하면서 사람들이랑 실랑이를 하고 있을 때 이웃에서 제안을 해왔다. 집 앞으로 큰 도로가 나는 바람에 밭에 있던 나무를 없애야 하는데 원하면 가져가 심어도 좋다고.

"무슨 나무예요?"

"매실나무."

아, 매화나무? 꼭 두 번 확인해야 한다. 나는 나무라면 사족을 못 쓰고 일 단 좋다고 하면서 얼른 일해줄 사람을 알아봤다. 그렇게 해서 매화나무 15그 루가 들어왔다. 아직 꽃이 지기 전이어서 안쓰러웠지만 얼른 자리를 잡아주었 다. 지금도 그렇긴 하지만 그때는 더더욱 집 전체를 멀리서 보지 못하는 시기 였기 때문에 얻어 온 나무를 당장 눈에 띄는 대로 심기는 했는데 나중에 제자 리에 잘 앉아 있는지에 대해 조금 망설여지는 부분이 생겼다. 어쨌든 매화나 무가 집 뒤로 들어오니 왠지 그득한 느낌이 들었다. 여기에 매실이 달릴까? 달 렸다. 고마워라. 옮겨 심은 나무에서 꽃이 지고 매실이 달리는 것을 보고 감격 또 감격했다.

이렇게 수고 없이 열매를 가져도 될까? 매실을 한 바구니 따면서 부자가 된 것 같은 기분이 들었다. 그런데 나무가 잘 자라려면 적당한 거름과 가지치기가 필요하다는 걸 세 해째 되어서야 확실히 깨닫게 되었다. 배워야 할 일이 또 하 나 늘어난 셈이다.

맨 처음 우리 집에 들어 온 사람은 누구나 하나같이 염려하는 게 있었는데, 바로 대문과 담이 없다는 것이었다. 그건 나도 마찬가지였다. 너무 횅하니 열 려 있는 것 같은 느낌이 문을 사방으로 열어젖힌 듯해서 불안한 맘이 많이 들 었다. 그래서 생각한 것이 대나무였다. 왜냐면 집터가 활처럼 긴지라 일반적 인 울타리는 비용이 너무 많이 들어 엄두를 내지 못할 상황이었고, 뒷마당은 길이랑 너무 인접해 높이 있는 울타리가 필요하다는 결론을 내렸기 때문이다. 더구나 대나무는 사계절 푸르러 겨울에도 가리개 역할을 충분히 할 터이니 말이다.

"대나무를 구할 수 있을까요?"

그러자 이웃 어른들이 심지 말라고 하신다. 이유인즉, 대나무가 집 마당으로 내려와 뿌리를 뻗어 내리면 한순간 감당하지 못한다는 게 첫 번째 이유였고, 두 번째는 댓잎 소리가 밤에는 무섭다는 것이었다. 정말? 내 똥고집이 갑자기 힘을 발휘했다.

"그래도 심어주세요."

청년회장이 이번에도 힘을 써주었다. 장비랑 인력만 대면 대나무를 실어 오겠다고. 마을에 여기저기 알아보는 사이 누군가가 자기 집 뒷산에 있는 대나무를 가져가라고 한 것이다. 그렇게 해서 옮겨놓은 대나무 사이사이에 매화나무를 심었다. 공사를 하면서 나무를 여러 그루 옮겼다. 그러면서 나무를 제대로 살리지 못해 다시 뽑는 일이 생겼다. 내가 아침저녁으로 물을 주면서 신경을 썼어야 했는데 소홀히 한 탓이다. 이 일 저 일 신경 쓸 게 많다는 것이 핑계였지만 그 모든 게 때가 있다는 것을 놓친 결과였다. 하지만 부족하고 부정적인 데서 더 잘 배울 수 있다는 것을 확인하는 기회도 되었다.

그런데 신기한 일이 일어나고 있다는 것을 어느 날 아침 문득 알았다. 마당에 있던 나무들에서 생생한 생기를 느꼈다. 마당 쥐똥나무 사이에 무슨 나무인지 모르게 말라비틀어졌던 나무가 있었는데 다음 해에 알아볼 수 있었다. 석류나무였다. 자신을 드러내는 순간이었다. 그리고 나를 두 해 연속 감탄하게 만든 명자나무. 붉은 꽃이 동백꽃 같아 아침마다 탄성을 질렀다. 세상에나! 꽃이 지고 난 뒤 열매가 작은 사과처럼 달린다는 것을 알았고, 동네 어른 말처럼 여름에 거두어 술을 부어두었다. 약이 된단다. 일단 내 눈을 즐겁게 해주는지라 약술은 두 번째 이유라는 것을 미리 밝혀둔다.

소미재 앞 철쭉은 눈에 띄게 잎이 반짝거려 보는 이마다 한마디씩 한다. 얘가 원래 이 자리에 있었던가? 예스! 난 아주 자랑스럽게 대답한다. 내가 아침저녁으로 쓸어주거든. 그럴 수밖에 없다. 마당으로 오르내리면서 옆을 지나치는데 어찌 내 손길이 아니 닿겠는가? 여기에서 또 개똥철학이 나온다. 사람 손길이, 발길이, 훈기가 서로에게 생기를 불러일으킨다는 것. 많이 쓰다듬어 주게나.

도시에 살 때 그런 꿈을 꾸었다. 마당 있는 집에 살면 어떤 나무를 심을까? 그러면서 목록을 적어본 적이 있었다. 과일나무 몇 그루, 그늘이 좋은 나무 하나, 꽃이 유독 좋은 나무 하나. 그런데 이곳에 와서 나무 욕심을 내서 종류별로 묘목을 사 심었는데 땅이 너무 넓게 펼쳐져 있다 보니 어린나무를 심어서 서로 어우러질 때쯤 잘 심은 건지 판단할 힘이 아직 없다는 게 안타까웠다. 그래서 사람들에게 물으면 열이면 열 모두 다른 소리를 하는 바람에 오히려 결정을 내리는 일이 쉽지 않다는 것을 알았다.

나무를 심고 가꾸는 것도 사람 일을 떠나 자연의 일이라는 것을 요즘 들어 어렴풋하게 느낀다. 내가 원한다고 가볍게 심고 내가 주고 싶을 때 물 주고 내 마음 내킬 때 가지치고 하는 게 아니라 계속 관심 있게 나무에 무엇이 필요한지 지켜봐줘야 한다는 것을 말이다. 호들갑 떨며 내 맘대로 나무를 흔들 게 아니라 가능한 한 땅을 잘 딛고 일어설 수 있도록 자리 잡아주고 바람이 들게 햇빛이 들게 해주어야 한다. 그런데 섣불리 가위를 들고 설치거나 뿌리를 흔들면 십중팔구 나무들이 병을 앓다 죽는 지경에 이르고 만다.

그래서 뿌리를 잘 내리는 일은 참으로 중요하다. 나무가 나를 돌아보게 한다. 한곳에 오래 살았더니 다른 곳으로 터를 옮겨 산다는 게 보통 긴장되는 일이 아니었다. 그럼에도 다행히 내가 이곳 생활에 조금씩 적응하게 되는 이유는 바로 나무를 심으면서 나를 심어가기 때문이라고 생각한다. 나무가 뿌리를 내려 제 몫을 하려면 시간이 필요하다는 것을 깨달았기 때문에 나에 대해서도 조바심을 내지 않으려 한다.

일을 위해 이곳에 정착한 게 아니라 먼저 이런 곳에서 자연이랑 함께 살아야지 하고 마음 낸 것이 우선이라는 것을 잊지 않으려 한다. 그러면 나무를 심고 기다리듯 나에게도 기다리는 시간을 좀 넉넉히 줄 수 있지 않겠는가.

마지막까지 살아남은 소미재 옆의 왕버들. 버드나무 그늘에 앉아 눈앞으로 펼쳐진 시원한 산을
보고 있으면 부러울 게 없다.

집이랑 함께 즐겁게 늙어갈래

"담을 쌓지."

"울타리라도."

"대문도 내고."

사람은 달라도 보는 눈은 거의 비슷한가 보다. 우리 집에 오는 이마다 그런 말을 했다. 나도 돈 좀 적게 들이고 생나무 울타리를 만들어보면 어떨까 해서 시도한 것이 바로 대나무를 얻어서 심는 일이었다.

하지만 겨울을 지나면서 반 이상 말라 죽는 바람에 여전히 휑한 뒷마당에 마음이 쓰였다. 더구나 나무라는 게 시간이 걸리는 애들이고 보니 사이사이 이 궁리 저 궁리 해보게 되었다.

집이 한옥이니 기와 얹은 담장이면 좋지 않을까? 그 말에 사람을 불러 알아보니 비용이 너무 벅찼다. 그럼 대나무 대신 사철나무를 심어볼까? 그것 또한 인건비랑 나무 값이 만만치 않은 데다 내가 원하는 울타리 크기로 자라려면 10년은 족히 걸릴 것이고. 길가에 일반적인 펜스를 설치해봐? 그런데 그건 너무 일반적이라 재미없고.

하여간 별 뾰족한 수 없이 대나무나 다시 자라라고 비는 수밖에 없는 상황에서 대문을 위한 기둥을 먼저 세우기로 했다. 돌로 쌓아 올리니 모두들 '없는 거 보단 훨씬 낫다'고 한다. 이것 또한 심리적 안전장치 역할을 하나 보다.

집을 비울 때는 기둥에 기다란 대나무 하나 쓱 걸치고 나갈 뿐인데. 그러다 올봄 막내 동생이 일터에서 남은, 재활용해도 좋을 대나무를 화물차로 한 차 보내면서 목수 한 분까지 소개해주는 바람에 멋진 대나무 울타리를 만들 수 있게 되었다. 3년 만에 소원 풀이를 한 셈이다. 연 밭으로 해서 집 뒤로 한 바퀴 돌리니 그제야 집이 든든한 느낌이 든다. 참 이상도 하지. 허리춤에도 미치지 않는 울타리건만 그것이 주는 심리적, 시각적 안정감은 참으로 높이 평가할 만하다. 덕분에 내 기분이 한참 '업'되었다.

시골 생활이라는 게 워낙 열린 공간을 기초로 하는 것이긴 하나 그래도 이곳은 개인 공간입니다, 하는 표시를 내고 싶었나 보다. 시간이 흐르면 저 울타리도 무너져 내릴 것이다. 그때쯤 되면 내가 심어놓은 나무들이 또 하나의 담 역할을 하되 사람들을 안으로 감싸 안는 넉넉한 품이 되어주리라 믿는다.

사람들이 오면 으레 궁금해하는 게 있다. 이렇게 큰 집을 어떻게 관리하는지, 계속 돈이 들어갈 텐데 그 뒷감당을 어찌할 것인지에 대한 것이다. 돈도 돈이지만 끊임없이 보채는 아이를 돌보듯 집을 돌봐야 하는데 어쩔 것이냐, 하면서 특히 어르신들은 고개를 절레절레 흔드신다. 나이는 들어가는데…. 그 말씀이다. 틀린 말은 아니다. 계속되는 비에 기와 사이로 빗물이 새거나 할 때마다 난 이런 생각을 한다. 내가 정말 이곳에서 집에 치여 뒷감당도 하지 못하고 나동그라지는 것은 아닐까? 아니다, 아니다.

처음 이곳에 오면서 그랬다. 집은 본디 사람이 산다는 데 의미가 있는 법. 같이 늙어가자, 그랬다. 세월이 지나면 사람도 낡고 집도 낡는 것이 당연하지 않은가. 내가 죽고 나서도 이 집이 생생하게 건재하길 바라는 욕심은 없다. 누군가 주인이 있어 좀 더 유지된다 한들 내가 없는 세상에서 살았던 집이란 게 무슨 의미가 있겠는가?

그래서 무리하지 않기로 했다. 내 몸 간수할 수 있는 만큼 집도 그만큼만 돌보기로 마음먹었다. 조금씩 낡아서 어느 날 먼지처럼 폭삭 내려앉을지언정.

결국 우리 모두 자연으로 돌아가는 길목에 서 있지 않은가. 그러니 내가 늙어가면서 집도 낡는다는 사실을 받아들이기로 했다. 오래 함께하는 친구처럼 말이다.

아소재라는 집 이름을 생각하면 참 잘 지었다는 생각이 든다. 자꾸 그렇게 의미를 부여하면서 불러주면 그리 된다는 것을 난 은연중에 받아들이고 있다. 그래서인지 사람들이 이곳에 오면 왠지 편안해하는 것 같다. 바라는 바다.

무엇보다 나부터 달라지기 시작했다. 얼굴에 화색이 돌기 시작한 것이다. 수다스러워지기도 했다. 전에는 나를 처음 보는 사람들도 늘 "어디 아파요? 기운 없어 보이네"라고 말하곤 했다. 그 말을 들을 때마다 왠지 불편한 맘이 들었다. 정말 기운 없고 아픈 것 같아서였다.

사실 도시에서 바쁘게 산 것이 내가 지쳤던 이유의 전부는 아니다. 그렇게 신나는 것도 좋은 것도 없는, 그저 그런 날들 속에서 어떻게 살아야 할지 무얼 해야 할지 잘 모른다는 사실이 나를 힘들게 했던 것 같다. 그러면서도 그런 것이 일상이라고 당연시하며 매일매일 그냥 지나치고 있었을 뿐이었다. 당연히 여긴다는 것. 그럼에도 이건 아니지 싶은 반복되는 일상 속에서 내린 이 결정은 내 인생에서 아주 탁월한 선택이라고 믿는다. 내가 의도한 이 결정이 머지 않아 가족에게도, 주변 사람들에게도 잔잔한 기쁨을 주리라 믿는다.

숨을 쉰다는 게 어떤 건지 이제 조금은 알 것 같다. 아침에 일어나 기지개를 펴듯 문을 열고 나와 마당에 서면 이게 사는 거지 싶다. 조금은 쓸쓸하고 조금은 외롭기도 하지만 그런 것은 아침 햇살에 금방 사라지는 이슬 같다. 세 번의 봄, 여름, 가을, 네 번의 겨울을 맞이하는 이 시점에서 난 다시 계절을 몸으로 말하는 것을 배웠다. 아직은 내가 지내온 3년의 시간만큼만 이야기 할 수 있지만 말이다. 집이 먼저 봄을 알려온다. 기와지붕 위로 차가운 아침 기운에도 스멀스멀 아지랑이 같은 기운이 올라가는 느낌은 새소리를 경쾌하게 밀어 올린다.

나의 하루 일과는 새들로 시작된다. 나는 특히 아침잠이 많은데 여기 와서는 도시에서처럼 해를 머리에 이고 있을 정도로 누워 있어본 적이 없다. 도무지 아침 햇살이, 새들이 나를 가만히 놔두질 않는다. 그렇게 일어나면 따뜻한 물 한잔 들고 마당 끝에서 마당 끝을 한번 순회한다.

나와 함께 하는 것들. 감히 말한다. 햇살, 바람, 비, 낮은 풀꽃, 이름 모를 새소리. 나의 어쭙잖은 노동은 아침 햇살을 받으며 시작되고 저녁노을을 바라보며 끝이 난다. 그럼에도 이 어설픈 하루가 내게는 오랜만에 내가 나에게 주는 들꽃 같은 선물이다.

대나무를 이용해 연 밭부터 집 뒤까지 울타리를 만들었더니, 아소재라는 집의 넉넉한 품에 안기는 느낌이 든다.

시골 생활, 쉽게 정착하려면 어떻게 하면 좋을까요?

① 한번 살아보고 아니면 말지, 라는 생각으로 간을 보지 말 것.

살기로 마음먹었다면 무조건 산다는 생각을 해야 한다.

뿌리를 깊이 내린다는 생각으로 살아야 한다.

② 자연에서 배우는 일을 멈추지 마라.

③ 혼자서 하는 일을 즐겨라.

④ 외부 사람들과 정기적으로 모여라.

⑤ 내가 좋아하는 일을 찾아서 해라. 돈은 여기서 생긴다.

⑥ 텃밭을 가꿔라.

⑦ TV는 없어도 된다. 하지만 인터넷은 하라. 세상과의 소통이다.

⑧ 일은 내 몸이 감당할 수 있을 만큼만 해라.

⑨ 조바심을 내지 마라. 시골 생활의 기본은 '느림'이다.

⑩ 일 년 절기를 잘 읽어라. 때에 따라 먹을 것이며, 월동 준비를 해두면 일 년이 편해진다.

⑪ 문제가 생기면 피하지 말고 적극적으로 해결하라.

기어 대장간

지금은 창고로 사용하고 있지만 멋진 북 카페로 변신할 예정인 기어대장간.

과일이 열리는 나무와 야생화, 돌과 잡초가 연 밭 주변을 사시사철 아름답게 해준다.

뭐 하고 먹고살 거야?

한옥 체험 프로그램을 해볼까 해요

"뭐 하고 살 거야?"

"어떻게 살래?"

"무섭지 않겠어?"

요약하면 이렇게 딱 세 가지. 어느 정도 집을 고치고 들어앉으니 여기저기서 사람들이 던지는 질문들이다. 삶의 자리를 옮긴다는 일. 그것도 사는 공간을 도시에서 시골로 옮겼다는 것과 한술 더 떠 아파트라는 현대적 주거 공간을 떠나 한옥이라는 열린 공간으로 들어왔다는 데 많은 사람들은 '용기'라는 단어를 들먹였다.

"용기 있어요. 대단해요."

처음엔 그 말을 들었을 때 조금은 그런 줄 알고 어깨를 으쓱했다. 그래, 나 용기 있나 봐. 하지만 보는 이마다 그러니 다시 한 번 그 말을 생각해보게 되었다. 정말 그런 말을 들을 만한 일이었을까? 아마 내가 생각을 많이 하고 아주 신중히 결정을 내려서 이곳에 왔다면 사람들이 말하는 '용기'라는 단어를 들어도 마땅할지 모르겠다. 그런데 그런 건 염두에 둔 적이 없었다. 굳이 생각했다면 도시에서 사는 건 그만하고 싶다, 단순히 그 이유 때문이었다. 점점 나이가 들어감에 따라 수입에 비해 삶의 유지 비용이 더 많이 발생할 텐데 그렇다고 그걸 준비하기 위해 도시에서 머무는 시간을 더 연장하고 싶지 않았다. 그냥 그랬다. 돈보다는 시간을 벌고 싶었다는 말이다.

더구나 여태 살아본 적도 없고 동선이 불편한 한옥이 살림집이라는 것도 간단히 생각했다. 살아보지 뭐. 몰라서 쉬웠다는 말이다. 대신 집이 여러 채니까 사람들이 오가면 좋겠네. 혼자 있는 시간이 너무 많으면 심심하긴 할 거야.

그 정도에서 시작된 일이었다. 비용도 전에 살던 집을 정리하면 딱 고만큼은 되겠네, 손볼 것은 최소 비용으로 하면 되고. 이런 식이니 누가 봐도 주먹구구 식 계산법이었다.

이렇게 무작정 삶의 자리를 옮긴 것까지는 그렇다 치고, 사람들은 주저 없이 "어떻게 살 것인가"라는 질문을 연이어 던졌다. 가족은 하나도 보이지 않고 혼 자서 동동거리니까 그런 것이었다. 가만히 보아하니 풀인지 나물인지 구별도 하지 못하는 여자가 이 큰 집을 지니고 앉아 어떻게 시간을 보낼 것인지 제일 로 염려스러워 하면서 궁금해했다. 다행히 내 장점이 하나 있다면, 혼자서도 잘 논다는 것이다.

전에 가끔 했던 말이 있다. "인터넷만 되면 난 어디든 가서 살 수 있어." 이 말 은 내게 진실 그 이상이다. 요즘은 핸드폰과 인터넷이 시간과 공간을 이어주 고 있지 않은가. 모든 정보를 공유할 수 있는 곳에만 있다면 난 기꺼이 공간 이동을 해도 좋다고 생각했다. 그리고 난 다행히 운전도 할 줄 안다. 맘만 먹 으면 어디든 갈 수 있는데 뭐가 걱정이란 말인가. 그렇게 말했다. 걱정하는 사 람들한테 아주 자신 있는 것처럼 말했다. 속으로는 정말 나도 그렇게 믿고 있 다는 것을 보여주고 싶어서 그렇게 말했다.

"뭐 할 건데요?"

아마도 벌이에 대한 질문일 것이다. 집을 보니 뭔가 일을 벌이지 않을까 마을 사람들이 물어왔다.

"그냥 살 건데요."

벌어놓은 게 많은가 보다, 라고 한다. 안 믿는다. 그냥 산다는 것이 돈이 많다는 것을 의미하는 줄은 몰랐다.

"아니에요. 돈 없어요. 정말 없는데. 대신 시간을 좀 쓰려고 해요."

천천히 집이랑 친해지고 집이랑 살면서 할 수 있는 일이 있을 것이라고 내심 나에게 말했다. 그래도 사람들은 여전히 궁금해한다.

"걱정 마세요. 한옥 체험 할 거예요."

"그게 뭔데?"

"여행객들이 한옥인 우리 집에서 숙박을 하는 거지요."

"그게 돈이 되나?"

난 계산을 잘 못한다. 그래서 안 한다. 그게 장점이자 치명적 단점이라는 것은 다 아는 사실이다. 그래도 일단 묻는 사람 편하라고 그렇게 말하고 나니 당장은 아니어도 나도 할 일이 있다는 생각이 들어 한술 더 떠 말하게 된다.

"심심한데 누가 오면 좋잖아요."

"무섭지 않아요?"

처음엔 정말 혼자 잠자는 게 무서웠다. 대문도 없지 울타리도 없지, 그렇다고 문은 튼튼해 보이나? 한지 바른 창호 문이 다인데. 그래도 안으로 걸쇠를 걸고 숟가락을 꽂으면서 안심을 한다. 대신 몸에서 한시도 떨어지지 않는 게 있다. 핸드폰이 나를 위한 유일한 무기다. 한동안은 마을분들이 왜 대나무를 심지 말라고 했는지 실감했다. 바람이 조금만 불어도 깊은 산중에 와 있는 듯 심란했다. 바스락거리는 소리에도 벌떡 일어나 핸드폰을 찾았다. 그렇다고 문을 열 수는 없었다. 밖이 너무 어두워 사물을 가늠할 수 없기 때문이다. 내 모습은 보이는데 나는 볼 수 없다는 게 두려움을 불러일으켰다.

그 무렵 생각을 참 많이 했던 것 같다. 문득 '난 정말 어떻게 여기 오게 된 거지?', '왜 난 식구들을 다 서울에 두고 혼자 이러고 있는 거지?'라는 생각이 들었다. 사실 정답은 없다. 물으면 "그냥 인연 따라 왔지요" 하는 정도로 답해야 할까. 이제 "삶이 늘 정해진 대로 되라는 법은 없어"라는 말을 하지 않는다. 그 말은 삶은 늘 정해진 대로 움직여야 한다는 것을 전제로 하는 말이기 때문이다. 그렇게 되면 제대로 원하는 대로 가지 않을 때 불안하고 초조해지면서 자신의 삶을 부정적으로 저울질하게 되는 사태에 돌입하게 된다. 정작 정해진 삶이란 게 뭐지? 내가 원하는 삶이 뭐지? 혹시 바깥세상이 만들어 놓은 것들에 적당히 내 것을 맞춰놓고 내가 원하는 삶이라고 믿어온 것은 아닐까? 불현듯 그런 생각이 들면서 어쭙잖은 나만의 철학이 또 하나 나오게 되었다.

내게는 정해진 삶이란 애초부터 없었다. 매 순간이 내가 선택한 것이고, 선택한 결과가 쌓여 여기까지 온 것이다. 그런 의미에서 '운명'이라는 단어는 잠시 접어두려 한다. 대신 "다 수용할 마음은 되어 있다. 내가 선택한 것이므로. 기꺼이."

핸드폰을 손에 쥐고 잠들면서 이런 말을 중얼거렸다.

가을이면 마당에서 고추를 말리는 것이 중요한 일이다. 햇빛을 잘 받는 이 집 마당은 뭔가 말리기에 정말 좋은 장소다.

첫 손님, 그리고 이어지는 인연

자리를 옮기고 어느 정도 집이 살 만한 공간을 갖추면서 친구들이랑 지인들한 테 전화를 넣었다.

"우리 집에 놀러 올래?"

그러면서 성주라고 했더니 모두들 의아해한다.

"뭐라고? 성주라고?"

"거기에 누가 있는데?"

"무슨 일이야?"

"정말이야?"

반응도 참 각양각색이지.

"나, 한옥 체험 프로그램 운영하고 있어."

"그게 뭔데?"

"말하자면 여행객들이 한옥에서 하룻밤 잘 수 있도록 공간을 마련해주는 일 을 한다고."

"그럼 너 있는 데가 한옥이야?"

"응."

"그럼 시골이야?"

"응."

궁금해하는 친구들이 혀를 끌끌 차며 내려왔다. 걱정스러움과 약간의 호기심 을 갖고서. 덕분에 친구들이 보여주는 이 무슨 도깨비장난 같은 일이냐는 표 정을 한동안 은근히 즐겼다는 생각이 든다. 그렇게 아는 사람들이 궁금해서, 인사 삼아 집에 들른 지 반년쯤 지나 첫 손님을 받게 되었다. 후배 남편이 자기가 가입한 산악회 사람들을 데리고 온 것이다. 이곳에 있는 가야산이 얼마나 아름다운 산인지 나한테 누누이 설명하면서 내게도 등산을 권했다. 가야산을 등반하고 우리 집에서 하룻밤 머물겠다는 것이다.

사람이 오면 제일로 걱정되는 게 잠자리고 먹는 일 아닌가? 일상적인 일인데도 돈을 받고 하는 일이라는 게 몹시도 신경이 쓰였다. 사람들이 어떻게 반응할까? 긴장이 되었다. 그런데 막상 사람들이 오고 인사를 나누고 차를 내가면서 집을 둘러보는 그들의 표정에 마음이 조금씩 여유로워지는 것을 느꼈다.

"집이 참 예뻐요."

그 말이 마치 내가 예쁘다는 소리처럼 들려 웃음이 나왔다.

'좋았어.' 자신감이 새록새록 올라오는 순간이었다. 그들이 가고 난 뒤 내게 쥐어진 하얀 봉투 속에 든 20만 원. 감격스러웠다. 이곳에 와서 처음으로 다른 누군가에게 서비스를 제공하고 받은 수입에 어찌 무심할 수 있겠는가?

그 무렵 예쁜 손님이 전화를 걸어왔다.

"며칠만 있어보려고요."

인도에 다녀온 지 얼마 되지 않아 다시 어디론가 떠나고 싶어 하던 차에 친구 엄마에게 아소재 이야기를 들었다는 것이다. 정말 우연하게. 그렇게 연결된 그녀가 온다고 하던 날 성주 버스 터미널까지 마중을 나갔다.

'어라? 모델 같은 아가씨네.'

솔직히 시를 쓴다고 해서 난 좀 더 학구적인 모습을 기대했었나 보다. 어찌 되었든 딸 같은 아이랑 밖에서 밥을 먹고 어두워져서야 집으로 들어왔다. 집 안이 어둠으로 깜깜한데도 마당에 들어서던 그녀는 그 특유의 목소리로 이렇게 외쳤다.

"아, 예쁘다. 이게 한옥이구나."

그 말에 난 약간 긴장했던 맘이 풀어지는 걸 느꼈다. 솔직히 젊은 친구들이 이 공간을 어떻게 생각할지 많이 궁금하기도 했고, 극단적으로는 싫어할 수도 있다고 믿었다. 편견이었지만 어린 친구들은 좀 더 현대적이고 편리한 것을 선호한다고 생각했던 것 같다. 일단 그 말에 '패스'를 외치며 그녀가 책을 가득 담은 가방을 끌며 방으로 들어가는 것을 도와주었다.

'며칠만'이라고 했던 그 친구는 보름 가까이 머물렀다. 낮과 밤이 바뀐 그녀는 밤새 책을 읽거나 영화를 보다가 먼동이 트면 잠이 들어 오후 늦게 일어났다. 거의 하루에 밥을 한 끼나 먹었을까. 그 친구가 있는 동안 저녁이면 막걸리 한 잔을 앞에 놓고 수다를 떠는 재미가 쏠쏠했다. 내가 이렇게 어린 친구들하고 도 이야기가 통하는 줄 몰랐다. 보름 후 나는 우리 아이보다 두 살 많은 그녀에게 이모가 아닌 언니라는 호칭으로 불리게 되었다. 윤성희. 성희는 그 이후 종종 아소재에 올 때마다 그런다.

"아, 여기 오니 살 것 같아."

그 말에 언제나 가슴이 뭉클해지는 느낌이 드는 것을 성희는 아는지 모르겠다. 성희 덕분에 공부하겠다는 친구들이나 집중해서 일해야 하는 사람들이 이곳에 일주일이고 한 달이고 있어도 좋겠구나 싶은 사례를 남겼다. 성우당 끝 방은 공부가 잘되는 방이라고 지나가는 어느 스님이 넌지시 하신 말씀을 이곳에 오는 사람들에게 종종 던지며 은근히 그런 친구들이 머물기를 희망하는 나를 보면 내가 좋아하는 게 무엇인지 절로 깨닫게 된다.

2011년 여름. 자매랑 그 친구가 남자 아이 둘을 데리고 왔다. 유치원에 다니는 꼬맹이들이었다. 오후가 되면서 하늘이 어둑어둑해지더니 갑자기 비가 쏟아졌다. 그러자 애 엄마가 한마디 했다.

"빗속에 뛰어들고 싶다!"

그러자 애들이 "우리도! 우리도!" 한다. 잠시 멈칫하던 애들 엄마가 "그래!" 하더니 아이들 옷을 벗겨주면서 "마당에서 뛰어놀아!" 한다. 아이들이 갑자기 신나 하며 빗속으로 뛰어들었다. 물웅덩이를 첨벙첨벙거리며 이쪽저쪽 어찌나 달리는지 보고 있는 어른들은 그것만으로도 충분히 대리만족을 할 수 있었다. 그것을 보면서 문득 그런 생각이 들었다.

여기 오면 어른들도 아이처럼 저렇게 가벼워졌으면 좋겠다. 아이들이 올 때마다 느끼는 것인데 아이들이 혼자 있을 때는 그러지 않는데 둘 이상만 되면 엄청 큰 소리를 낸다는 것이다. 마루를 쿵쿵 뛰어다니고 마당을 오르락내리락 하면서 행동이 커진다. 행여 넘어진다 한들 아스팔트에서 넘어진 것과 같겠는가? 늘 아이들이 다칠까 조바심 내던 엄마들이 한층 여유롭게 아이들을 바라보는 것도 내게는 색다른 경험이 되었다. 환경이 사람을 변하게 하는 것 같다. 그래서 여행을 하는 것이 아닐까.

어느 날 전화가 왔다. 퀼트 비엔날레에서 만난 김 선생님이 자기가 잘 아는 일본인 친구랑 오겠다는 내용이었다. 살짝 설레기 시작했다. 우리 집에 처음 들어오는 외국인으로 기억될 테니까. 차에서 내리는데 외모로 봐서는 도무지 이방인인줄 모르겠다. 아니나 달라, 우리말을 너무 잘할뿐더러 우리 음식에 관심이 많은 아가씨였다. 그날 저녁상은 당연 시골 밥상이 되었다. 오미자 효소

양념장에 관심을 보였다. "된장찌개가 맛있어요" 하는데 영락없는 한국인이지 싶을 정도였다. 동행인 김 선생님도 하는 말, "우리보다 더 한국다워요."

외국인들이 오면 무엇을 대접할까? 그날 이후 종종 생각해보는데 아무래도 집에서 만든 효소로 양념장을 끼얹은 생생한 채소 버무리가 좋을 것 같다. 그녀가 돌아가는 길에 고추장을 조금 싸주었다. "나도 한옥에서 살고 싶어요." 물론 오래전부터 우리 음식을 먹고 우리네 바느질을 하고 일본 아줌마들한테 우리 음식 가르치는 일을 하고 있었다지만, 외국인의 입에서 그 말을 들으니 왠지 뿌듯한 느낌이 들어, 가고 난 뒤에도 훈훈한 마음이 오래 남아 있었다.

한옥 체험의 몇 가지 원칙

한옥 체험을 생각하면서 나름대로 오는 이들에 대해 세운 몇 가지 원칙이 있다. 아직은 그렇게 할 만한 여유는 없었지만 말이다.

"만약 예약한 사람들이 많아 어쩔 수 없이 선택해야 한다면 어떤 이들을 먼저 들이지?"

농담처럼 들리겠지만 첫 번째는 여자들이다. 아소재가 내가 주로 혼자 살림하는 공간이기도 하지만 이곳이 단지 잠만 자고 가는 공간이 아니라 나랑 공유하고 소통해야 하는 곳이라고 생각하기 때문이다. 대부분 사람들은 여행을 꿈꿀 때 크게 두 가지 목적을 생각하기 마련이다. 새로운 것을 보고 배우고 즐기는 것. 아니면 한곳에 머물면서 오직 자신을 들여다볼 수 있는 쉼의 장소를 찾는 것이다. 내가 만든 공간은 아마도 두 번째 이유에 더 초점을 맞추고 있는 듯하다. 그러면서도 굳이 여자들에 우선권을 주는 건 내가 한때 어디론가 떠나 한적한 곳에서 쉬었다 오고 싶다는 마음을 먹었을 때 막상 어디 갈 만한 곳이 없었다는 생각이 들었기 때문이다. 더구나 혼자서는 누가 뭐라는 것도 아닌데 주위 사람들의 시선에서 자유롭지가 않았다. 차라리 외국이면 몰라도 우리 땅에서 나이 든 아줌마인 나는 그랬다. 아마도 결혼한 여자들의 집단 트라우마라고나 할까? 이건 어디까지나 내 생각이고, 어쨌든 나는 아소재가 사회생활을 하다가, 살림을 하다가 문득 '쉼'이 필요한 여자들의 공간이 되었으면 하는 게 작은 소망 중 하나다.

그리고 두 번째는 외국 사람들. 그들은 적어도 한옥에서 하루쯤은 머물러봐야 한다고 생각한다. 굳이 애국하자는 이야기는 아닌데 그들이 온다면 다른 걸 좀 양보할 수도 있겠다 싶다. 그러면서 이웃 나라 일본 아줌마들을 떠올렸다. 둘씩 또는 삼삼오오 짝을 지어 여행하는 그네들을 한옥으로 초대해 한국 아줌마들 하듯 말은 통하지 않아도 우리 것을 보여주고 우리 것을 나누면서 수다를 떨고 싶은 마음은 아마도 첫 번째 이유와 그다지 다르지 않으리라. 난 여자들이랑 노는 걸 너무 좋아한다고!

세 번째는 가족이다. 주로 아파트가 생활권인 아이들이 시골과 한옥의 쌉싸 래한 공기를 맛보며 잠에 들고 일어나는 경험이 쉽게 살 수 있는 게 아니지 싶 다. 아이들이 어른이 되었을 때 그런 게 우리네 집이라는 것을 DNA 속에 깊 이 새겨둘 수 있을 테니 말이다. 어른은 어른대로 옛것에 대한 추억과 그리움 으로, 아이들은 낯선 공간에 대한 경험으로 한옥에서 하룻밤을 보낸다는 것 은 참으로 멋진 일이라는 생각이 든다.

다음 네 번째는 크고 작은 모임이다. 밤새도록 차회를 여는 팀이나 책 모임, 동화 읽는 모임, 동창 모임. 여러 색깔의 모임이 있었는데 역시 여럿이 올 때 큰 역할을 하는 건 대청마루였다. 그런 의미에서 대청마루 모임에 많은 사람들을 초대하고 싶다. 일단은 이렇게 우선하는 사람들을 따져는 봤으나 순서를 나 눌 만큼 사람들이 많이 온 적도 없을뿐더러 누가 오건 내가 원하는 바는 단 한 가지, 단순한 숙박업은 아니고 싶다는 점이다.

이는 단순 숙박업에 대해 폄하하는 게 아니라 난 우리 집에 오는 사람들과 좀 더 많은 소통을 꿈꾼다고 말하고 싶은 것이다. 이곳에 들어오는 이상 단지 숙 박료를 전제로 한 주인과 손님이라는 관계가 아니라 그를 넘어선 따뜻함이 배어 나오는 사람들의 공간으로 거듭나게 하고 싶다는 것이 나의 작은 소망 이다. 아무리 집이 좋아도 그 안에 사람이 없으면 의미가 없을 테니까. 그러니 어찌 사람이 귀하고 반갑지 않겠는가?

내 마음이 이러니 사람들이 오면 내가 먹는 거칠고 소박한 밥상이라도 함께 펼쳐놓고 막걸리라도 한잔 나누는 시간을 참으로 소중하게 생각할 수 밖에. 그러다 보니 언젠가 한 젊은 친구가 몇 차례 다녀간 후에 해준 말이 생각난다.

"아소재는 들어올 때는 마음대로지만 나가는 건 맘대로 할 수가 없네요."

이 말인즉 아소재에 가방을 들고 들어올 때만 해도 주변 어디 어디 구경해야지 하는 마음인데, 막상 있다 보면 집 밖을 못 나가고 안에만 있게 된다는 것이다. 나로선 기분 좋은 말이다. 하룻밤 머물든 여러 밤 지내든 여행의 궁극적 목표는 자기 집으로 돌아가는 것이다. 그런 의미에서 아소재가 그 길목 역할을 충실히 할 수 있다고 믿고 싶다. 왜냐면 그것이 내가 가장 바라는 바니까.

Tip 아소재 한옥 체험, 이렇게 하고 있어요

아소재의 한옥 체험은 본채와 성우당에서 할 수 있다. 1박 이용 요금은 본채는 4인 기준 15만 원, 성우당은 2인 기준 7만 원이다(조식 포함). 예약은 전화(054-931-7970)나 카페 게시판(http://cafe.naver.com/asoje)을 이용하면 된다. 아소재에서 하루 머물면서 가야산을 등반하거나, 해인사, 회연서원, 한개마을 등을 구경할 수 있다. 오전 11시부터 6시까지 아소재의 대청마루는 카페로 운영하고 있으니, 숙박을 하지 않아도 잠시 들러 차와 간단한 음식을 먹으며 책을 읽거나 음악을 들을 수도 있다.

뭘까바구니가 뭘까?

아소재에 내려온 이후 지인들은 나를 위해 참으로 걱정도 많이 해주고 앞으로 무엇을 하면 좋을지 나름 많은 조언을 들려주었다. 때로는 친절하게, 때로는 부드럽게, 때로는 강압적인 모습을 보여주기도 하면서 내게 아소재에서 어떻게 살아야 하는지 말해주고 싶어 했다. 생각해보면 모두 고마운 마음이었다. 그럼에도 그럴 때마다 난 내가 너무 무능하다는 느낌이 들었다. 그저 내가 변명 삼아 그 당시 했던 말은 겨우 이런 것이었다.

"아직 집이랑 친해지질 않아서요."

낯선 공간하고 친해지지 않고서는 그 어떤 일도 할 수도 없을뿐더러 할 엄두도 나지 않았기 때문이다. 정말이었다.

"나도 당신 말처럼 아소재를 그렇게 활용하면 될 것 같기는 해. 그런데 말이야…."

머릿속으로는 현실감 있는 그들의 말이 이해가 되었다. 나의 어정쩡한 시골살이가 너무 비생산적이라 여기서 오래 버티지 못할 거라는 걱정 어린 충고라는 것을 왜 모르겠는가? 어쨌든 그들의 염려스러운 마음이 내 상황을 그냥 지나치지 못했던 것 같다. 마치 내가 금방이라도 보따리를 싸서 다시 나 살았던 곳으로 돌아갈 것이라고 내다봤던 것 같다. 나도 내가 걱정이 되었다. 정말 그렇게 짐을 다시 싸게 될까 봐. 정말일까? 정말 그럼 어쩌지? 겨우 이곳에 작은 실뿌리 하나를 내리기 시작했는데. 나는 한 번씩 바람이 불어올 때마다 몸이 휘청휘청하는 것을 느꼈다. 이런 기분이 들면 몇 날을 우울해하고 기운 없는 채로 혼자 이러고 있는 게 잘한 일인가 아닌가를 생각하느라 시간을 써버리곤 했다.

그런데 그 흔들렸던 시간들을 보상이라도 해주듯 3년 가까이 지나면서 한옥과 한옥의 열린 공간에 적응하기 시작했다. 그리고 이 공간에서 뭐든 누릴 수 있다는 자신감이 봄날 새싹 돋듯 일기 시작했다. 그때 내게 행운의 마스코트라 부를 만한 처자가 나타났다. 첫 번째 독서 캠프에 온 아이들의 이모였다. 그의 이름은 류한원.

"선생님, 제가 번역 일이 있어서 2주 정도 아소재에 머물까 해요."

그게 인연이었다. 그가 아소재에서 번역 일을 하는 2주 동안 틈틈이 참 많은 이야기를 했다. 나이도 어린데 어쩌면 이렇게 사물에 대한 통찰력이 대단한지 순간순간 놀라워하면서 일에 방해되지 않는 시간에 수다를 떨 기회를 엿보곤 했다. 정말 유쾌한 시간이었다. 더구나 대부분 혼자 지내던 집에 사람이 하나 있으니 어찌나 훈기가 돌든지, 이래서 사람들이 나를 걱정했다는 사실을 실감했다. 그가 있는 동안은 아무도 그런 염려를 드러내지 않았기 때문이다.

이야기가 길어졌다. 어쨌든 그의 이야기를 이렇게 길게 하는 이유는 아소재의 히트작 '뭘까바구니'에 대한 이야기를 꺼내기 위해서다. 물론 '히트'라 말하는 건 완전히 나만의 표현이다. 여자들이 수다를 떨다 보면 그 수다가 언제 어느 방향으로 튈지 모른다는 장점이 있다. 그날 저녁도 그랬다. 어떻게 이야기가 나왔는지 몰라도 한 달에 한 번씩 이러저러한 물건들을 포장해서 보내주는 사이트가 있다는 말을 그녀에게서 듣는 순간, 머릿속에 불이 반짝 들어왔다. 바로 그거야!

그동안 머릿속에서만 빙빙 맴돌면서 조금씩 상상의 나래를 펼쳐왔던 일들이 한순간에 정리되는 느낌이 들었다. 이름도 바로 떠올랐다. '뭘까바구니.' 오일

가글한다고 입안 가득 오일을 물고 있던 그는 '뭘까바구니'란 나의 메모에 얼른 말은 하지 못하고 엄지손가락을 번쩍 들어 보였다. 눈이 분명히 말하고 있었다.

"바로 그거예요!"

그래, 바로 이거야 이거! 뭘까바구니! 이리하여 '뭘까바구니'가 태어났다. 그후 일사천리로 일이 진행되었다. 이쯤 되면 그게 뭔데, 하고 정말 묻고 싶어질 것이다. 뭘까바구니는 한 달에 한 번 아소재가 준비한 먹을거리나 소품으로 1만 원 정도 가격의 선물 바구니를 꾸려 보내는 일이다. 뭘까바구니를 받으려면 일 년 회원이 되어야 한다. 연 회원이 되면 일 년 동안 매달 선물 바구니를 받게 되는데, 엄밀하게 말하면 돈을 지불했으니 자기가 자신한테 선물하는 셈이다. 대신 그 안에 무엇이 들어 있는지 박스를 풀어보기 전까지는 모른다. 보내는 나도 그 안에 무엇을 넣을지 미리 계산하지 않는다. 그저 다음 달에 무엇을 넣을지 정도만 고민한다. 그래서 이름이 뭘까바구니가 된 것이다. 보내는 사람도 받는 사람도 내용물이 뭔지 모르니까.

하지만 다음 달 것을 준비하다 보면 왠지 힌트를 남기고 싶은 충동이 일기 마련이다. 그래서 인터넷 카페에 다음 달 선물은 무엇이 될지 가늠해볼 수 있는 글과 사진을 올린다. 다들 인터넷에 들어오는 것은 아니니 결국 아는 사람 몇만 눈치챌 수 있다. 그 밖의 사람들은 그냥 이번 달에는 뭘까, 하면서 설레는 마음으로 바구니를 받는 수밖에. 때로는 바구니를 받기 전까지 바구니 생각을 잊고 있다가 택배 기사의 연락을 받고서야 문득 궁금해지는 바구니라는 말을 듣기도 한다.

어쨌든 이 뭘까바구니를 진행하면서 내가 변했다. 더 신나고 즐거워졌다. 사실 이 일은 단순한 경제 논리로는 설명하기 어렵다. 무엇을 어떻게 준비할까? 그리고 어떻게 포장할까? 이것을 받으면 정말 기분이 좋을까? 사람들이 기뻐할 선물 꾸러미 싸기에 몰두하는 자신을 보면서 내가 곱절로 그 기쁨을 돌려받는다는 느낌이 들기 시작했다. 이렇게 신나고 재미난 일이 어디 있을까?

무엇보다 내가 이 뭘까바구니를 통해 추구하는 바는 사람들이 한 달에 한 번쯤은 아소재를 기억했으면 하는 것이다. 그럼 일 년에 적어도 열두 번은 나를 떠올리지 않겠는가? 아소재에 있는 나를. 그게 나의 힘이 되어준다. 내가 사람들과 함께 살아가고 있다는 믿음을 갖게 하는 신호이기 때문이다.

4월 - 매화차, 대나무 차시, 옥수수 뻥튀기

2011년 4월에 첫 번째 뭘까바구니를 배송했다. 무엇을 넣을지 별로 고민하지 않고 바로 집 근처에 있는 회연서원 백매원에 가서 매화를 거두어 말렸다. 그런 뒤 예쁜 병에 넣었고 오래전 전시 판매하고 남은 '뽀샤시한' 대나무 차시, 그리고 우리 옥수수로 튀긴 뻥튀기를 함께 포장해서 보냈다. 매화차와 강냉이. 전혀 연결 고리가 없어 보이는 선물 콘셉트가 맘에 들었다.

매화차는 다들 좋아했다. 처음 접하는 차라고 말하는 사람도 꽤 있었다. 사실 몇몇 사람들을 빼놓고는 이러저러한 꽃차를 먹을 기회가 그리 많지 않겠다는 생각을 했기 때문에 이 아이템을 떠올린 것이다. 심지어 집 앞에서 바로 따서 만든 차인 데다가, 그것도 지루한 겨울을 보내고 난 뒤 오는 봄의 전령인 매화로 만든 차가 아닌가. 매화차는 향으로, 눈으로 사람들의 마음을 사로잡기에 충분했다.

함께 보낸 차시는 꼭 차만을 위한 것이 아니라 다른 용도로 사용할 수 있다는 사실을 알리는 글을 함께 메모해서 보냈다. 누구는 그걸 양념 통에 넣기도 하고 원두커피 보관하는 데 넣어두었다고 알려왔다. 이런 게 재밌는 일이다. 사물이 각자의 상황에 따라 특별한 역할을 부여받는 순간이다. 옥수수 강냉이는 중국산이 아니라는 것만으로도 자부심을 갖게 했다. 비록 강냉이지만 선물에 대한 내 정성은 나 자신을 더욱 행복하게 했다. 참으로 놀라운 이치다.

그런데 포장은 어떻게 하지? 이제는 싸는 게 문제다. 이리 넣었다 저리 넣었다. 이리 묶었다 저리 풀었다, 바구니 하나에 손이 얼마나 갔는지 세어보지는 않았지만 수십 번은 더 닿은 것 같다. 이렇게 준비해서 보내고 나니 한 달이 후

딱 지나가버렸다. 꽉 찬 시간이었다. 내게 꼭 어울리는 일을 제대로 하나 찾은 느낌이었다. 사람들이 그랬다. 돈도 안 되면서 잔손 엄청 가는 이런 일, 곧 지칠 거라고. 하지만 난 이렇게 손이 많이 가는 일이 안겨줄 소소한 기쁨을 이미 준비 과정에서 충분히 느끼고 있었다. 해보지 않고선 모를 일이다.

아
소
재
의 첫
번
째 뭘
까
바
구
니 편
지

안녕하세요?

뭘까바구니와 함께 즐거운 시간이 되시길….

작지만 하나하나 정성껏 준비하는 동안 무척 행복했는데

저의 그 행복한 마음이 고스란히 전해졌으면 합니다.

혹 바구니 안에 내가 이미 갖고 있는 것이거나 소용됨이 덜한 게 있다면

기꺼이 필요한 다른 사람에게 선물하는 기쁨을 누리시길 바라요.

4월 뭘까바구니의 주제는 연둣빛 봄입니다.

제가 지난달에 아소재 카페에 힌트 세 가지를 드렸는데 눈치채셨나요?

대나무에서는 말간 대나무 차시(차를 뜨는 도구)를,

매화나무에서는 매화차를,

시골 장터에서 산 우리 옥수수에서는 강냉이를!

차시는요,

꼭 차를 뜰 때만 쓰란 법은 없지요.

저는 설탕 그릇 안에 놓고 쓰기도 하는데 어떠세요?

더 좋은 아이디어가 있으면 나눠주세요.

매화차는요,

이웃에 있는 백매원(100그루의 매화나무가 있는 정원)으로 유명한

회연서원의 매화를 딴 것이랍니다.

아침 일찍 가서 꽃을 좀 얻겠노라 했지요.

덕분에 홍매, 청매 다 조금씩 땄습니다.

작은 병을 들여다보면 조금 알록달록할 겁니다.

두세 개 정도만 찻잔에 넣고 한 김 나간 따뜻한 물을 부어 드세요.

세 번쯤 우려내도 좋습니다.

그리고 마른 꽃이 점차 피어나는 것을 지켜보세요.

매화차는 사랑하는 사람하고 마시는 차랍니다.

강냉이 보셨어요?

우리 옥수수로 '뻥'하고 튀겼습니다.

저는 넋을 놓고 있다가 그 소리에 놀라 주저앉을 뻔했습니다.

아마 맛이 다를 거예요.

강냉이가 아주 쫀득한 느낌이 듭니다.

* 참, 바구니 안에 있는 한지는 꼭 재활용하세요.

보성에서 삼베 하시는 분이 개발한 한지인데 저는 이 종이만 보면

엄청 맛깔스럽다고 느낍니다. 맛있는 소리야, 그러면서 말입니다.

5월 - 화전, 화차 집게, 벚꽃차 그리고 택배 사고

4월 바구니를 보내고 나서 바로 5월 바구니에 담을 것들을 준비하기 시작했다. 첫 번째 바구니 이상의 선물이 되어야 하는데. 그 무렵 마당 가득 열세 그루의 벚나무가 꽃을 피우기 시작했다. 우리 집 벚나무는 수령이 제법 돼서 꽃이 일품이다. 더구나 이번엔 작년과는 달리 일제히 피는 바람에 집 안이 온통 꽃 대궐이 되었다.

벚꽃차를 만들어야지. 그리고 꽃차를 위한 화차 집게를 넣고 송화다식을 해야지. 머릿속에서 선물이 정해지자 바빠졌다. 일단 송화다식부터 만들기 시작했다. 나의 무식함은 처음 해보면서도 전문가한테 잘 물어보지 않는 데서 잘 드러난다. 그리고 '일단 해보자'는 마음으로 덤빈다. 송홧가루를 검색해보니 온통 북한산이고 국산은 언감생심 너무 비싸 엄두가 나지 않았다. 조금만 할 거지만 일단 송홧가루를 사러 대구 약령시장으로 갔다. 송홧가루를 구입한 후 전에 사둔 꿀 항아리를 비웠다. 그리고 다식판에 넣고 찍으려는데 생각보다 잘되지 않았다. 그래서 새알 빚듯 빚기 시작했다. 내 맘이지 뭐. 뭔지 모르게 뿌듯함이 밀려왔다. 하지만 하나를 입에 넣는 순간 왠지 이상한 느낌이 들었다. 뭐지? 뭔가 거친 느낌이 입안에 맴돌면서 불쾌한 기분이 들었다. 원래 이런가? 전에 먹어본 것은 이 맛이 아니었는데, 하면서 하던 일을 계속했다. 며칠에 걸쳐 빚고 있던 중 이웃에서 놀러 온 동생한테 맛보라고 송화다식을 내밀었다. 동생은 고개를 갸우뚱했다.

"혀에 걸리는 이 맛의 정체가 뭐지요?"

하여간 자기가 잘 아는 차 선생한테 물어봐주겠노라 하면서 갔다. 잠시 후 전화가 왔다.

"언니, 송홧가루 가라앉혀서 썼어요? 북한산은 이물질이 엄청 많아서 그래야 한다는데."

뭐야? 당장 아까운 꿀 한통이 떠올랐다. 그 말은 여태 만든 것을 다 버려야 한다는 뜻이었기 때문이다. 그러자 다시 하고픈 생각이 사라졌다. 나, 다식 포기할래. 그럼 뭘 하지? 화전? 진달래 폈다고 화전을 해 먹고 난 뒤라 거기에 생각이 미쳤다. 그런데 그때는 다식 한다고 시간을 보낸 뒤라 진달래는 거의 다 진 상태고 해서 진달래 대신 쑥을 얹은 전을 만들기로 했다.

다시 찹쌀을 담근다, 방앗간에 다녀온다 하면서 바쁜 걸음이 시작되었다. 도저히 혼자 할 일이 못 되는데 지원군이 나타났다. 예쁜 처자 수현이랑 착한 아줌마 윤희 씨. 동글동글 빚어서 적어도 대여섯 개는 넣어야 하는데 그러려면 양을 얼마나 해야 되나? 따져보니 300여 개는 족히 빚어야 할 듯했다. 그걸 다시 랩으로 싸고 비닐에 넣어서 스티커를 붙이는 데 꼬박 이틀이 걸렸다. 에구구, 소리가 절로 나왔다.

다음은 벚꽃차 이야기다. 인터넷을 검색해보니 일본에서 경사스러운 날 마시는 차로 소금물에 절였다 찬물에 헹궈서 먹는 차가 벚꽃차란다. 그 말을 듣고 또 한 번도 먹어보지 않은 차에 도전해보기로 했다. 이유는 간단했다. 궁금하니까. 또 예쁠 것 같았다. 그 무렵 겹벚꽃이 피기 시작하는데 어찌나 예쁜지 차마 손을 댈 수 없을 정도였다. 그래도 차로 거듭날 것이니 괜찮아, 하면서 한 바구니 거두어들였다.

흐르는 물에 살살 한번 씻어서 10퍼센트 소금물에 담갔다. 며칠이 지난 뒤 두어 송이 꺼내 시식을 해봤다. 꽃이 물속에서 레이스처럼 하늘거리는데 감동의 물결이었다. 그렇게 미리 준비해둔 것을 냉장고에 넣었다. 이리하여 우여곡절 끝에 다식 대신 쑥을 올린 화전, 화차 집게, 벚꽃차가 준비되었다. 마침 보내기로 한 날이 5월 연휴가 시작되는 때라 이왕이면 어버이날 전에 받으면 좋겠다 싶어 금요일에 서둘러 택배를 보냈다. 물론 보내면서 상할 수 있으므로 반드시 다음 날 들어갈 수 있다는 다짐에 다짐을 받고서 말이다.

그런데 아뿔싸. 우려했던 사건이 발생했다. 이른바 택배 사고! 연휴 물량이 많아서인지 다음 날 택배가 대구 지역을 빼고는 모두 감감무소식이었다. 결국 이틀 뒤인 월요일에 바구니가 들어가고 말았다. 그것도 시큼한 냄새를 풍기면서. 그 정성 들인 화전이 다 쉬어버린 것이다. 익반죽한 참쌀이니 오죽했겠는가?

누구는 너무 아까워서 물에 헹궈 구우면서 눈요기만 했단다. 게다가 냉장고에서 나온 벚꽃차는 그만 누렇게 다 실신해버렸고. 건진 것이라곤 바짝 마른 대나무 화차 집게 하나. 세상에, 어쩌면 좋아. 송화다식에 이어 두 번째 사고였다. 그건 그나마 보내기 전이었으니 나만 겪으면 되는 일이었지만 이건 아니지 않은가. 이 대형 사고를 어떻게 하나? 더구나 그달에 처음 신청한 사람도 있었는데. 속상한 마음보다 미안한 마음이 더 컸다. 고민 끝에 비싼 율무를 사들고 장으로 내달렸다. 뻥튀기를 했다. 그리고 다시 택배 50여 개가 날아갔다. 일을 부려 삼세번이나 치렀다. 세상일이라는 게 도무지 수강료를 지불하지 않고는 배울 수 없는 것일까?

어쨌든 앞으로 전문가한테 물어볼 것은 미리 물어볼 것이며, 연휴를 끼고 택배를 보내지 않을 것이며 보내더라도 물기 있는 먹을 것은 넣지 않을 것이라며 스스로 굳게 다짐했다. 혼자 엄청 동동거린 날들이었다. 이런 내 마음을 그들은 읽었을까?

6월 - 딸기잼과 크래커 한 봉지

5월의 화려한 사고 이후 이미 내 마음은 다음 달 바구니에 담을 것들로 향하고 있었다. 일단 예쁜 유리병을 사러 갔다. 딸기잼을 담을, 모양도 가격도 적당한 것을 찾으려니 마땅치 않아 인터넷 검색의 한계를 느꼈다. 서울에 가면 방산시장부터 가는 이유가 여기에 있다. 물론 고급스럽고 예쁜 병이야 많다. 가격이 문제지. 정말이지 뭘까바구니를 준비하면서 제일 큰일은 가격 대비 가치 있는 것들을 고르는 작업, 그 자체인 것 같다. 어쨌든 딸기잼 병은 저가 균일가 매장에서 찾았다. 그 후 딸기 농장에 가서 큰 박스 두 개 분량의 딸기를 안고 왔다. 잼 만들기에는 어찌나 튼실해 보이던지 꼭지를 따면서 수도 없이 바로 입으로 넣었다. 입안이 다 빨개질 정도였으니.

양이 많아 두 번에 나눠서 잼을 만들었다. 첫 번째 냄비는 좀 더 고았더니 나중에 한 것보다 더 쫀득해진 느낌이 들었다. 하여간 그렇게 만든 잼을 병에 담아 죽 세워놓으니 참으로 감격스러웠다. 맛도 이정도면 되었다, 싶을 정도로 맘에 들었다. 잼을 받아보는 순간 어디서건 바로 발라 먹을 수 있도록 크래커 한 봉지씩 준비하고 일회용 나무 나이프를 리본으로 묶어 포장했다. 좋아할까? 맛있다고 할까? 장문의 편지와 함께 6월의 뭘까바구니가 날아가던 날, 입안에는 달콤한 딸기 향이 감돌았다.

7월 - 만능 '버물리' 연고와 모기 노! 스프레이

본격적인 여름이 시작되기 전, 매실나무 아래에서 풀을 좀 베다가 풀독에 올라 일주일을 고생했다. 어찌나 가렵던지 정말 눈물이 날 지경이었다. 그래서 서둘러 만능 '버물리' 연고를 만들기 시작했다. 물론 천연 재료로 만든 제품이다. 벌레 물린 데 뿐만 아니라 여기저기 상처 났을 때도 좋은 연고라 만들면서 7월 바구니에 담아야겠다고 생각했다. '모기 노! 스프레이'도 함께. 그럼 여름휴가 때도 유용하게 사용할 수 있겠지.

일부러 목요일 택배를 보내 금요일에 도착하게 했다. 그랬더니 토요일에 여행 가려던 사람들이 고맙다고 문자를 보내 왔다. 적시에 알맞은 물건이 도착한 셈이었다. 괜히 보낸 사람이 뿌듯해지는 순간이었다.

8월 - 한지 부채와 보이차 염색 손수건
그리고 엄마표 수세미

"더워요, 더워!"

그래도 신나고 즐거운 여름 아닌가?

우리 집에는 에어컨이 당연히 없다. 선풍기? 이 넓은 집에 고작 키 작은 선풍기 두 대만 있을 뿐이다. 가끔 여름에 한옥 체험을 하려고 전화를 하면서 "에어컨 있어요?" 하고 물으면 자연 바람 있다고 둘러댄다. 알아서 듣고 다른 곳으로 잠자리를 선택할 기회를 준다.

이번 8월 바구니에는 완전 '자연' 에너지, 손만 있으면 되는 부채를 준비했다. 하얀 부채를 산다고 방산시장을 다 뒤졌다.

내가 필요한 물건들을 구입하기 위해 여전히 서울을 들락거려야 한다는 게 좀 안타깝지만 그걸 핑계로 서울 나들이 하는 것도 나름 즐거운 일이라 기꺼이 없던 일도 만들어 시장에 가고 있다. 그래서 요즘은 서울은 곧 나의 시장, 이렇게 등식을 만들어가는 것 같다. 부채를 파는 곳에서 여기는 수백 장 이상을 사는 도매니 인사동으로 가란다. 그러면서 소개해준 필방으로 가서 주문을 넣었다. 거기에 붓펜으로 나무 두 개를 살짝 그려넣고 2008년이라는 글자를 남겼다. 아소재가 2008년 8월부터 시작된 거니까. 혼자라도 기억해두고 싶은 해였다. 보내면서 받는 이들이 너무 재미없어하면 어쩌지 싶었는데 아니었다. 의외로 반응이 좋아 놀랐다. 아무래도 우리는 부채 정서인가 보다.

두 번째는 하얀 천을 사다가 보이차로 염색을 한 손수건을 준비했다. 보이차가 아깝긴 해도 기꺼이 염색에 보탰다. 색이 어쩌나 곱게 들었는지 정말 맘에 들었다. 나중에 바구니 보내고 나서도 조금 더 사 와 염색을 했다. 필요한 사람들이 있으면 나누어주려고.

세 번째는 엄마의 노동력을 한껏 빌린 아크릴 실로 짠 원피스 수세미다. 원피스 모양이 얼마나 앙증맞고 귀여운지 영락없이 인형 옷 같아 내처 설거지하기 아깝다고 했던 물건이다. 엄마가 그러신다.

"가내수공업 돌린다, 돌려."

내가 엄마의 솜씨를 맘껏 자랑하는 순간인데 이번 달 바구니는 손이 많이 간지라 더더욱 애착이 생겼다. 아마도 이 뿌듯함은 어디에도 견주지 못할 거라고 생각한다.

9월 - 연잎차, 립밤, 꽃무늬 다포

여름 내내 뜨거운 햇살 아래 연 밭에서는 마침내 연이 꽃을 피워 내기 시작했다. 물이 부실하게 들어갔다 나갔다 할 수밖에 없던 두 해 봄이 몸살을 앓게 했음에도 백련이 마침내 봉오리를 밀어 올렸다.

이렇게 맑은 꽃을 어디에 비길 수 있을까? 아침마다 나가서 오늘은 얼마나 봉오리가 열렸나? 오늘은 어떤 봉오리가 올라오고 있나? 궁금해했다. 연잎은 아침이면 더 파랗고 싱싱하게 하늘을 향하고, 아침 이슬은 그 안에서 수정처럼 또르르 구르고 있었다. 연꽃차는 내년으로 미루고 일단 가위를 들고 나가 잎을 잘랐다. 연잎차를 만들 작정이었다. 가능한 한 깨끗하고 생생해 보이는 아이들을 한아름 잘라 차를 만들었다. 시험적으로 우려서 마셔보니 아주 정갈한 맛이 혀끝에 남았다. 잘된 것 같았다. 새로운 '꺼리'를 찾을 때마다 내 안에 기쁨이 확장되는 느낌이다. 넉넉히 하는 바람에 난 내년 여름까지 마시지 않을까 싶다.

두 번째는 아침저녁 찬 바람이 살짝살짝 불면서 립밤이 필요하다는 생각이 들었다. 나는 립밤을 끝까지 써본 적이 없다. 시시때때 꺼내고 하다 보면 어느새 사라지고 없다. 그래서 세 개쯤 헐어서는 가방에 하나, 주방에 하나, 화장대에 하나 놓았다. 만들어 쓰니 아까운 줄 모른다고 해도 할 수 없다. 덕분에 다른 사람들도 촉촉한 입술로 가을을 잘 지냈으면 좋겠다.

세 번째는 꽃무늬 다포를 준비했다. 동대문 종합시장 3층을 뒤지고 다녔다. 그럴듯한 천이 없을까? 그동안 천 시장이 많이도 변했다. 모두들 인터넷으로만 주문을 하는지 샘플만 늘어놓고 있고 나처럼 들춰보고 사는 사람이 그리 많지가 않다. 그러다 보니 가게 주인도 그런 나에게는 별로 관심이 없었다. 괜스레 조금 삐치고 싶은 맘이 들던 차에 드디어 발견했다. 빨간 꽃무늬 천. 어릴 적에 엄마가 해준 빨간 블라우스 천 같다. 그래 기억은 늘 그렇다, 자기가 좋아하는 쪽으로 각색하는 것 같다. 꽃무늬 천과 파란 꽃무늬 천으로 다포를 만들어 보내면서 천 조각만 보면 가위질을 하고 싶은 생각이 드는 것도 아마 어릴 적부터 엄마가 하던 걸 봐서 그런 게 아닌가 싶다. 어른이 되어서 하는 행동을 보면 어릴 적 무엇을 보고 자랐는지 알 수 있다는 말은 요즘의 나를 두고 하는 말이다.

10월 - 사과잼과 꽃무늬 헝겊 브로치

개인적으로 10월을 참 좋아한다. 아주 낭만적이라는 느낌이 드는 달이기 때문이다. 우리 집 뒤에 있는 과수원의 사과들이 빨갛게 익어 주말마다 할머니들이 길가에 광주리 째 사과를 놓고 팔기 시작했다.

속으로 생각했다. 바구니에 예쁜 사과를 두 개 넣어서 보낼까? 그러다 봄에 있었던 일이 생각나 생물은 일단 보내지 말자고 결심했다. 그래서 잼을 만들기로 했다. 딸기잼에 이은 두 번째 야심작 사과잼이다. 대부분 사과잼은 집에서 잘 안 만드는 것 같다.

작년 솜씨로 봐서는 올해도 잘할 수 있을 것 같아 미리미리 준비했다. 생각보다 양이 많아서이다. 그런데 잠시 놓친 게 있었다. 날이 그다지 덥지 않다고 주방 바닥에 만들어놓은 잼 병을 얌전히 쌓아둔 거다. 아무 의심 없이 덜컥 바구니 안에 넣어 보내고 난 뒤, 먼저 만들어놓은 잼 일부에 곰팡이가 살짝 폈다는 사실을 알았다. 가슴이 어찌나 철렁하던지. 그래도 사람들이 참 마음도 좋다.

"방부제 안 들어간 거 확실하네요. 덜 달아서 그래요. 살짝 걷어내고 먹으면 돼요."

그렇게 또 수업료 낼 일이 생겼다. 도무지 얼마만큼 겪어야 주의를 하겠는가 싶어 잠시 자책의 기간에 들어갔다. 내년에는 잼을 만들자마자 일단 냉장고에 보관하거나 창고로 옮겨놓겠다고 다짐했다. 그 모든 실수에도 "잼이 맛있어요" 하는 말로 위로를 받았다.

사과잼이랑 같이 먹을 크래커를 준비한 나는 바로 브로치 만들기에 들어갔다. 헝겊으로 단추처럼 감싼 것 뒤에 브로치 핀을 글루건으로 쏴서 붙였다. 빈티지 브로치다. 옷마다 포인트로 달아보고는 또 혼자서 들떴다. 알까? 알 면 좋겠는데. 사람들이 이 마음을.

11월 - 편강, 산국화차, 햇곡식 한 움큼

기다렸다. 생강이 나오기를. 작년에 만들었을 때 인기가 좋았던 것을 떠올려 올해도 의기충천해서 편강을 만들기로 했다. 장에 가니 올해는 생강이 잘 안 되었다고 한다. 비가 너무 온 것이다. 무어든 차고 넘쳐서 좋을 건 없지 싶다. 생강을 파시던 할머니가 그러신다.

"장사하나? 왜 이리 많이 사?"

내가 음식점이라도 하는 줄 아신 것 같다. 내가 생각해도 많이 샀다. 문제는 이 녀석들을 씻고 닦고 썰고 하는 일이었다. 노동력을 참으로 많이 요하는 작업이다. 그런데 이상하지. 손이 많이 간 것일수록 맛이 있다고 느끼니 말이다. 맘이 없다면 할 수 없는 거라서 그럴 것이다. 불 앞에 서서 몇 시간씩 들여다보는 내내 마치 편강의 고수가 된 것 같은 기분이 들어 혼자 씩 웃었다. 즐거운 착각이다.

11월이 되니 집 주위에 산으로 노랗게 감국이랑 산국이 가득했다. 작은 꽃들이 가을 햇살에 어찌나 예쁜지. 눈에 보이는 거 다 담아서 보내고 싶은 마음에 꽃차를 준비하기로 했다. 평상시 눈여겨봐둔, 차가 덜 다니는 산 길가에 수북이 피어 있는 산국이 내 손에 들어왔다. 꽃을 하나하나 따서 쪄서 말리는 동

안 온 집 안에 꽃향기가 가득 배어나는 듯했다. 말리니 녹두알보다도 작은 것 같았다. 그래도 찻잔에 넣어 우리니 그 향을 어찌 무심히 대할 것인가. 눈과 코가 즐거워지는 것을 느꼈다.

또 하나의 선물을 마련하기 위해 장에 갔다. 햇곡식에 대한 욕심이 생겨서다. 곡식 상회에 가서 보면 자루마다 펼쳐진 색깔 고운 곡식들이 내게는 보석보다 더 아름답다. 어찌 이렇게 자연은 솜씨가 좋은지. 한 톨의 씨앗에서 이토록 많은 열매를 만들어낼 수 있는 건지. 쌀하고 같이 넣어 지어 먹으면 좋을 잡곡들을 몇 가지 골라 넣었다. 나의 자부심은 이 곡식이 우리 땅에서 난 것이라는 데에 있다는 것을 생각하니 참 우습다. 언제부터 우리가 우리 땅에서 살면서 우리 것인지 아닌지를 따져보게 되었을까? 신토불이. 다시 돌아볼 일이다.

12월 - 손뜨개 코스터, 워셔블 클렌징 오일 그리고 사탕

'선물의 달' 12월에는 무엇을 보낼까? 한참을 고민했다. 어떻게 하면 작지만 즐거운 선물이 될 수 있을까? 가을이 지나면서 동생이 뜨개질을 하기 시작했다. 빈티지 블랭킷을 뜬다고 했다. 빈티지? 실을 색깔별로 사서 이거저거 순간 기분에 따라 배합해서 짜는데 내게도 아주 재밌어 보였다. 나도 저거 해봐야지. 그래서 동생한테 실과 바늘을 부탁하고 모티브 뜨는 방법을 배웠다. 하나 뜨는 데 한 시간 정도 걸렸다. 늘 그렇지만 뜨면서 마음이 변했다. 무릎 덮개가 아니라 숄을 할까? 목도리를 할까? 그러면서 커피를 한잔하다가 모티브 위에 잔을 올려놓았는데 예뻐 보였다. 그러자 문득 이걸 선물해야겠다는 생각이 들었다. 그래, 바구니에 손뜨개 코스터를 넣어 보내는 거야. 그런데 또 혼자 하기에는 무리. 결국 엄마에게 도움을 청했다. '우리 엄마는 선수니까, 이런 것쯤이야!'라고 생각해버렸다. 그렇게 해서 알록달록한 모티브들이 탄생했다. 받는 이들이야 하나지만 난 수십 개가 넘는 것을 끌어안고 앉아 있었고, 덕분에 한동안 행복했다.

그리고 내가 늘 쓰는 올리브 오일과 포도 씨 오일로 만든 워셔블 클렌징 오일을 만들어 보내기로 맘먹었다. 꿈보다 해몽이라 해도 어쩔 수 없지만 건조한 겨울 날씨에 굳이 클렌징이 아니어도 마사지하듯 촉촉한 느낌으로 세수하라고 내 마음을 담았다. 그리고 편지에 사용하는 법을 친절하게 안내해주었다.

또 하나의 아이템은 바로 사탕. 12월은 원래 종교와는 상관없이 설레는 달콤한 달이 아닌가? 달콤한 느낌을 잠시 입안에서 느끼면 좋겠다는 생각에 사탕을 이것저것 골랐다. 커다란 사탕 봉지를 뜯어 죽 늘어놓고 담다 보니 아, 이런 기쁨을 나 혼자만 누려도 되나, 싶었다. 종종 맛있는 과자, 예쁜 필기도구, 아기자기한 생활용품들을 담아 서로 선물하는 젊은 친구들의 마음을 알고도 남겠다. 난 이걸 사랑이라 말하련다. 사랑은 주는 거다. 난 요즘 이 말에 전혀 토를 달 생각이 없다.

1월 - 메모지, 연필, 칼, 지우개 그리고 강정

해가 바뀌었다. 새해가 되면 늘 한 해의 결심을 새롭게 다지면서 새 일기장, 새 필기도구, 달력을 준비했다. 그러다 한때는 이런 것이 다 무슨 의미가 있어? 하면서 스스로 무심하게 새해를 맞이한 적도 있었다. 하지만 역시 새해는 새해여야 한다는 생각이 들면서 약간은 유치한 준비를 다시 하곤 했다.

아소재에 내려온 이후, 이번에는 더 이상 나 혼자 맞는 새해가 아니었다. 모두들 함께 준비하는 새해에 뭔가 특별한 걸 보내고 싶었다. 우선 연둣빛 종이를 잘라 메모지를 만들었다. 그리고 어릴 때 썼던 노란 연필 세 자루, 그리고 향수를 불러일으키는 접이식 칼 한 자루, 작은 지우개를 준비했다. 이렇게 보내면 내 마음이 전해질 것이라고 믿었다. 새해 아침에 아주 오래전 학창 시절에 사용했던 칼로 새 연필을 정갈하게 깎고, 연둣빛 메모지에 한 해의 결심을 적어보시라는 나의 마음을 담았다. 이것만 보내기 아쉬워 성주의 명물인 강정도 조금 넣었다. 뭘까바구니 포장을 다 하고 나니 새해 아침이 이렇게 밝아온다는 것이 참으로 기뻤다.

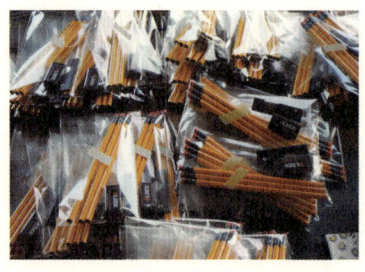

2월 - 검정콩과 엿기름

대보름이 생각보다 일찍 들어 있어 준비를 서둘렀다. 오곡을 준비하고 알밤이랑 호두를 준비하려 했는데 오곡은 지난가을에 보낸 적이 있어 검정콩(서리태)과 엿기름으로 아이템을 바꿨다. 엿기름이 보리쌀을 싹틔워 간 것이라는 사실을 새삼스레 알게 된 나는 싹을 잘 틔운 보리를 만나는 행운을 얻었다. 역시 식혜를 해보니 감칠맛이 다르다. 그리고 검정콩은 불리지 않고 바로 밥에 넣어 지어도 되는 것이었는데, 어찌나 달고 고소한지 콩을 좋아하지 않던 나의 마음을 마구 흔들어놓았다. 그런 엿기름과 콩을 보낼 수 있어 어찌나 행복하던지. 그래도 대보름이 다가오고 있어 부럼을 넣어야겠다 싶어서 알아봤더니 호두는 너무 비싸고 많이 구할 수 없어 결국 알밤만 준비했다. 나중에 콩이랑 밤이 맛있었다는 이야기, 식혜가 정말 다른 때와 달랐다는 이야기를 많이 들었다.

3월 - 도라지 꽃씨, 그리고 특별한 선물 한 가지

바구니가 집집마다 날아가기 시작한 지 벌써 일 년이 되었다. 시간이란 게 정말 빠르구나, 하고 다시 한 번 실감하게 되는 순간이었다. 뭘까 바구니 회원이 매달 들어오는 바람에 3월에 일 년 되는 회원에게는 따로 특별한 선물을 준비해야 할 것 같은 느낌이 들었다. 그동안 보낸 선물들이 일정한 수준의 공산품이 아니다 보니 누군가한테는 별로 소용되지 않은 것들도 있었을 테고, 누군가한테는 너무 엉성한 소품이 될 수도 있었을 것이다. 그럼에도 일 년 동안 나와 함께해준 시간을 감사하게 전하고 싶은 맘이 들었다.

그래서 고른 것이 도라지 꽃씨. 도라지는 내가 참 좋아하는 꽃이다. 아소재에 와서 제일 먼저 갖고 싶어 준비했던 일이 도라지 밭을 만드는 것이었다. 정착한 지 3년이 지나니 작년에 도라지 씨를 제법 거둘 수 있었다. 모두들 보랏빛 도라지 꽃씨를 뿌리면 정말 좋을 텐데. 우리 모두 반짝반짝 빛나는 별 같은 시간을 잠시 나눌 수 있지 않겠는가. 꽃씨 외에 사람마다 조금씩 다른 선물을 넣었다, 광목 가방을 넣기도 했고, 화병을 넣기도 했고, 시골 냄새 물씬 풍기는 무쇠 칼을 넣기도 했다.

뭘까바구니를 보내면서 선물을 보내는 행위가 결국 나를 위한 것이었다는 사

실을 깨닫게 되었다. 앞으로도 내게 이 일은 '기쁨'을 주는 일이 되리라는 사실을 의심치 않는다.

전화나 카페 게시판을 통해 뭘까바구니 일 년 회원 가입 신청을 하면(일 년 회비, 택배비 포함 15
만원) 아소재가 준비한 특별한 소품이나 신토불이 먹을거리가 매달 중순경에 집으로 배송된다.
안에 들어 있는 것이 뭘까, 두근두근 하는 마음으로 선물 바구니를 풀어보라고, 배송 아이템은
나중에 공개한다.

뒹굴뒹굴 대청마루에서 책 읽기

아이들을 위한 여름방학 독서 캠프에 대한 이야기를 하고 싶다. 프로그램 이름은 '뒹굴뒹굴 대청마루에서 책 읽기'. 이 프로그램을 생각하면서 사람이 제 그릇을 크게 벗어나지 못한다는 사실을 새삼 느끼게 되었다. 뭐든 그동안 해온 일을 버리지 못하는 거다. 내게는 방학 때 하는 어린이 독서 캠프 마당이 바로 그 대표적인 예다.

전에 우리 아이를 키우는 동안 10년 넘게 아이들 책 읽기·글쓰기 수업을 한 적이 있다. 그런데 이렇게 좋은 공간이 생기고 보니 아이들하고 시간을 보내고 싶은 생각이 다시 간절해졌다. 하지만 고민이 생겼다. 내가 가르치던 아이들은 벌써 성인이 다 되었고, 새삼스럽게 독서 수업을 한다고 광고를 할 것도 못되고 설사 안다손 치더라도 거리가 만만치 않으니.

그렇다면 시골 외갓집 오듯 아이들이 이곳에 내려와서 일주일 동안 놀다 가면 안 될까? 그러다 심심하면 대청마루에서 뒹굴뒹굴하면서 책을 읽으면 좋겠는데. 왜 하필 일주일이냐고? 그 정도는 되어야 아이들이 이곳 생활을 자연스럽게 받아들일 수 있기 때문이다. 그나저나 아이들을 이 먼 데까지 보낼 부모들이 있을까?

내가 전에 수업을 하면서 느낀 건 읽고 쓰는 일이 자연스러워야 하는데 이상하게도 부모나 학생이나 선생이나 모두 스트레스를 받으며 공부의 연장선에서 이를 받아들인다는 것이다. 아마도 책 읽기나 글쓰기가 시간이 지나면서 대학 입시를 위한 논술 공부를 하기 위한 것이라는 목적을 무시하지 못하는 데서 오는 것이리라. 나 또한 아무리 좋아하는 일도 강제성을 띠게 되면 스스로 버겁다는 생각을 할 수밖에 없다고 생각한다. 내가 이런 생각을 하고 있으니,

아이들에게 이건 좋은 거야, 하면서 먹을 것을 씹어서 입안에 넣어준다는 것 자체가 불가능한 일이 되고 말았다. 그냥 아이들이 눈치채지 못하게 스스로 자연스럽게 책을 읽을 기회를 주는 것이 선생의 일이라고 믿을 뿐이다. 이런 것이 방목형 교육인가?

나는 나와 같은 생각을 가진 사람들이 분명히 있을 거라고 믿고 있었다. 마침 그 믿음을 증명해줄 사람이 나타났다. 한 엄마가 두 아이를 보내고 싶어 한 것이다.

"정해진 프로그램이 없어서요."

그 엄마가 아이들을 아소재에 보내고 싶어 하는 이유였다. 그래서 두 아이와 그 이웃 아이 하나가 서울에서 내려왔다. '엄마와 떨어져서 잘 놀 수 있을까?' 초등학교 1·2·3학년인 준수, 은수, 주형이와 보낼 6박 7일의 주제였다.

첫날의 미션은 시골 한옥과 친해지기. 한옥이 주는 할머니 품속 같은 편안함을 아이들이 저절로 몸으로 느끼기 바랐다. 방으로 들어가기 위해 신발을 벗어야 하고 화장실에 가려면 신발을 신어야 한다, 밥 먹을 시간에는 부엌까지 가기 위해 마당을 가로질러 가야 한다, 책을 읽으러 대청마루까지 맨발로는 갈 수 없다, 문을 여닫을 때마다 조심하지 않으면 창호지에 구멍이 난다, 어두워지면 얼른 불 끄고 자야지 그렇지 않으면 온갖 벌레들의 공격을 받는다, 모기에 물려도 이쯤이야 하고 넘어갈 수 있다. 도시와는 다르게 시골 한옥에서 벌어질 수 있는 이 모든 일을 아이들이 몸소 경험하는 것이다. 난 아이들에게 이렇게 외쳤다.

"얘들아, 마당을 맨발로 걸어보자!"

둘째 날의 미션은 새소리에 저절로 일어나기. 사실 이곳에서는 아침에 일어날 때 일찍 일어나라고 소리칠 필요가 없다. 날이 밝아오기 시작하면 우리 집 앞 마당의 새들이 유난히 큰 소리로 지저귀기 때문이다. 일주일 내내 새벽같이 일어나 눈곱 낀 눈으로 할머니한테 오듯 내게 달려드는 아이들을 보는 것은 참으로 즐거운 일이었다.

셋째 날은 엄마 보고 싶은 거 참기. 이 캠프가 일주일 동안 진행되는 이유가 바로 여기에 있다. 이틀쯤은 새로운 장소에 온 아이들이 집을 잊는다. 아니 참는다. 그런데 셋째 날쯤 되면 어려서 그런지 슬슬 집 생각을 하고 엄마를 찾기 시작한다. 이 하루의 고비만 잘 넘기면 갈 때까지 잘 지낼 수 있다. 우리도 어떤 일을 할 때 그 순간만 넘기면 될 때가 있지 않은가. 아이들에게는 바로 셋째 날이다.

넷째 날의 미션은 책 읽기다. "우리 책 읽을래?" 아침 일찍 먹고 모두 대청마루로 아이들을 불렀다. "자, 편한 자리에 앉아 보고 싶은 책을 읽어보자." 문가에 앉는 녀석, 눕는 녀석, 기둥에 기대는 녀석. 다들 나름대로 편한 자세를 취했다. 남이 보는 책이 더 재밌어 보이나? 책을 읽는 아이들에게 학년을 구별해 놓은 책이 의미가 없는 듯했다.

다섯째 날은 동네 한 바퀴 돌기에 도전했다. 일명 캠프랍시고 여기저기 애들 끌고 다니는 일은 내가 좋아하는 콘셉트가 아니다. 그래도 애들이랑 걸어서 우체국이랑 동네 초등학교에 가보기로 했다. 골목길을 걸어서 우체국에 가 엄마한테 편지도 부치고 우체국 언니한테 사탕을 한 주먹 얻기도 하고 옆 초등학교에 가서 놀이 기구에 대롱대롱 매달려 놀기도 했다. 그래도 애들은 내 눈치 봐가며 연 밭에 들어가 물놀이하는 걸 더 재밌어하는 것 같았다.

여섯째 날은 마당 놀이. 놀 거리가 없어도 만들어내는 게 아이들이다. TV도 없지, 컴퓨터도 없지, 더구나 핸드폰도 압수당했으니 아이들이 스스로 놀잇거리를 찾아낼 수밖에. 아이들은 한쪽에 놓아둔 삽이랑 호미를 찾아냈다. 쌓아둔 흙을 퍼서 이쪽에서 저쪽으로 옮기질 않나, 황토에 물을 부어 철퍼덕거리면서 머드 팩을 한다고 하질 않나, 긴 통나무 하나 끌고 와 타고 다니질 않나. '시골스럽게' 노는 법을 너무도 빨리 터득하는 아이들이 놀라웠다.

드디어 일곱 째 날. "우리 뭐 했지?" 지난 일주일을 정리하는 시간을 가졌다. 순식간에 지나가버린 일주일. 부모님이 데리러 오기 전에 아이들이 해야 할 일이 있었다. 여기 와서 읽은 책들을 정리하고 독후감도 쓰고 마지막으로 대청마루에 누워 이야기하는 것.

아이들이 가고 난 마루에 누워보았다. 여전히 통통 발소리가 나는 것 같았다. 웃음소리가 마당에 흩어져 다시 돌아오는 것 같았다. "겨울방학 때 또 올게요." 아이들은 약속대로 겨울방학 때 다시 왔다. 겨울엔 눈이 많이 와서 마당을 누비며 눈사람도 만들고 눈싸움을 하면서 여름에 대청마루에서 뒹굴던 일을 대신했다.

아소재 독서 캠프는 이른바 시골 외갓집에서 놀듯 뒹구는 것이 목적이다. 몇 차례 진행된 것으로 보아 앞으로도 그 목적만큼은 훌륭하게 달성해갈 것 같다.

아소재에서는 매년 여름방학과 겨울방학에 6박 7일 일정으로 초등학생 대상 독서 캠프를 열고 있다. 7월, 12월 초에 카페에 일정 관련 공지 사항을 올리고 신청자를 받아 진행한다. 회비는 아이 1인당 30만 원(숙식비 포함, 변동 가능)이다. 정해진 프로그램은 없으며, 아이들과 함께 책을 읽거나 마을 주변을 돌아다니며 일주일 동안 신나게 놀면 된다.

http://cafe.naver.com/asoje

텃밭을 지키고, 텃밭을 가꾸고

이곳에 오기 전만 해도 먹는 데 별로 관심이 없었다. 모두들 먹을거리에 신경 쓰는 것 같았지만, 그냥 나오는 거리가 먼 일로 여겨졌다. 각자 소신껏 먹고 살면 되지, 무슨 신경을 그렇게 써야 하나, 했다. 배고프면 먹고 배고프지 않으면 건너뛰고, 굳이 밥이 아니어도 간단히 빵이랑 커피로 한 끼 때우면 되는 거 아닌가.

정말 식사를 하는 게 아니라 때운다고 생각했던 것 같다. 그러니 맛있는 것을 찾아다니지도 않을뿐더러 꼭 그래야 한다는 생각도 하지 않았다. 물론 영양가도 별로 따지지 않았다. 그냥 먹어야 하니 먹을 뿐이었다. 이렇게 말하고 보니 엄청 수동적으로 먹었다는 말처럼 들린다. 사실 그냥 맞장구는 쳤다. 옆에서 "뭘 먹을까?"라면 "맛있는 거!"라고 말하곤 했다. 맛있는 거라. 이렇게 고민은 하는 척했다.

이렇게 살았던 나인지라 성주에 내려왔다고 먹을거리를 선택하는 행위의 내용이 크게 달라지지는 않았다. 식생활에 변화가 있다면 이곳에서는 눈에 보이는 대로 있는 대로 쉽게 조리해서 먹을 수 있다는 것 정도? 하긴 쉽게 손에 넣을 수 있는 빵이나 군것질거리가 없기 때문에 이제는 밥통에 밥만 있으면 된다는 기분으로 살고 있다. '맞아, 밥심으로 사는 거야.' 어느새 내 입에서 이런 강단 있는 말이 나오기 시작했고, 그게 힘이 되었다. 도시에서는 내내 먹으면서 하지도 않는 다이어트에 신경을 썼다. 먹으면서 "이거 살찌는데" 라는 말을 입에 달고 살았다. 게다가 어찌 된 일인지 먹는 양은 많지 않은데 여기저기 군살이 붙어 금방 체중이 늘어나곤 했다. 몹시 부담스러웠다.

그런데 여기 와서는 먹으면서 살이 찐다는 생각을 전혀 하지 않게 되었다. 나도 의식하지 못했던 부분이다. 그냥 먹고 움직이고 잠자는 원초적인 삶의 방식으로 돌아온 느낌이었다. 그러다 보니 엄청 많이 먹은 것 같아도 체중은 여전히 같은 눈금을 향했고, 오히려 햇볕에 그을린 피부는 내 건강이 좋아지고 있다는 것을 말해주었다.

처음 이곳에 와서 어딘가 다녀왔더니 대청마루 한편에 오이 두 개, 가지 한 개, 고추 한 움큼이 놓여 있는 것을 보고 얼마나 감동했는지 모른다. 동네분이 슬그머니 놓고 가신 거였다. 이런 게 사람 사는 정이라는 것인가 보다. 그렇게 이웃이 종종 놓고 가는 것들을 우리 집에 온 사람들과 맛있게 나눠 먹다보니 어느새 이런 말을 듣게 되었다.

"이거 살 수 있어요?"

성주는 참외로 유명하다. 전국 60퍼센트 이상의 참외가 여기서 출하된다고 하니 실로 집집마다 참외 농사의 규모가 대단하다. 맛 또한 일품이다. 원래 냉한 음식이나 과일을 못 먹는 편인데 어찌 된 일인지 이곳 참외만은 두말 않고 먹게 된다. 아삭거리는 육질이 다른 참외와 질적으로 다르다. 우리 집에 온 사람들이 참외를 맛보고는 집에 돌아가서 하는 말.

"참외 살 수 있어요?"

여름이 지나고 나니 가을이 오고 내가 좋아하는 사과가 이웃 과수원에서 나오기 시작했다. 가야산 아래쪽은 기온이 다른 지역보다 섭씨 3~4도 떨어져 사과가 잘되기도 하지만 맛도 있다. 바로 그렇게 맛있는 사과 밭을 옆에 두고 있으니 난 얼마나 행복한가? 탁자 위 그릇에 사과를 소복하게 쌓아놓고는 오가며 껍질째 먹는 즐거움이란. 그것을 보고 사람들이 묻는다.

"사과 살 수 있어요?"

처음에는 바로 생산자와 연결해주었다. 그런데 나중에 안 일이지만 생물이라는 게 아무리 맛있다 해도 늘 날씨나 온도에 따라 한결같을 수가 없어 더러 맛이 덜한 참외가 가고 사과가 갔던 모양이다. 그걸 나중에 지인들한테 듣고 나니 수수료 하나 없이 내 핸드폰 요금에 기름 값 쓰면서 오가며 소개해준 일이지만 왠지 모르게 불편한 마음이 생겼다. 아무리 내가 좋은 마음에 했다 해도 내가 소개한 만큼 책임을 져야 한다는 것을 알았다. 괜찮다는 말을 듣긴 했지만 나도 돌아서면서 '괜히 신경 쓸 일 뭐하러 해? 나나 먹음 되지' 하는 맘이 앞섰다.

그래서 한해는 조용히 있었다. 참외를 먹겠다, 사과를 사고 싶다 해도 다른 데서 사라고 했다. 그러다 올봄, 이곳에 와서 동생 삼은 이웃 고령의 시인 향미랑 이런저런 이야기를 하던 끝에 가야산 생협을 만들면 어떻겠냐는 말이 나왔다. 그사이 여러 번 오갔던 말이지만 뒷감당하기가 힘들어 말로만 끝났던 이야기가 다시 비집고 나온 것이다. 이것 또한 때가 된 것일까? 갑자기 해볼까 싶은 맘이 들었다. 그때부터 둘이 작당에 들어갔다.

그는 이곳에서 20년 가까이 살았기 때문에 무엇이 제대로 된 곡식인지 채소인지 잘 가려낼뿐더러 그렇게 농사짓는 사람들을 잘 알고 있었다. 과일도 예외는 아니었다. 다행히 고령은 작물이 아주 다양해서 선택의 여지가 많은 점이 매력적이었다. 성주는 참외밖에 달리 기억할 만한 게 없는 데 반해 고령은 딸기, 감자, 메론, 수박, 블루베리 등 입맛 다실 것들이 우리를 철철이 기다리고 있었다. 좋아, 우리 해보자. 대신 가야산 생협이 아니라 텃밭이라고 하자. 그

133

리고 우리가 먹는 가공하지 않은 천연 먹을거리를 소포장해서 원하는 사람들에게 공급해보자. 지난번처럼 생산자를 바로 연결하는 것도 좋지만 그때마다 상품 상태를 모르기 때문에 약간의 수수료를 붙이는 대신 확실하게 맛있는 것, 좋은 것을 챙겨주자는 콘셉트였다.

우선 이름부터 지어야지. 그녀가 사는 집의 이름이 수미재라 우린 자연스럽게 '가야산 아소재 수미재의 텃밭'이란 이름을 붙이고 본격적인 작업에 들어갔다. 우리의 꿈은 오래지 않아 사라질지도 모를 할머니의 텃밭을 지키고, 나아가 우리 자신의 텃밭을 하나씩 가져 먹을거리를 생산하는 것이었다. 시골에 산다 하나 농사일은커녕 풀조차 제대로 뽑아보지 않은 우리들이 세상을 향해 선포를 한 것이다. 우리는 텃밭을 가꿀 것이며 지킬 것이다! 스스로 자랑스러운 마음이 생겼다.

3월 중순부터 발동이 걸렸으니 거의 뭘까바구니와 같은 시기에 일이 진행되었다. 두 가지 일을 동시에 한다는 것이 좀 걱정 되긴 했다. 우리 둘이 잘할 수 있을까? 이것저것 해야 할 일이 많은데. 그러자 수미재가 어떤 일을 놓고 결정을 할 때 "난 내가 늘 양보할 마음이 되어 있어요"라고 말했다. 나 또한 그럴 마음이 되어 있었으나 내가 행여 일을 잘 못해 상대방의 마음을 다치게 할까봐 미리 염려해 던진 말이었는데 답이 그렇게 돌아오니 머뭇거릴 이유가 없어졌다. 좋아 우리, 텃밭만큼은 환상적 팀플레이를 해보는 거야.

"채소바구니라고?"

사람들한테 "우리 텃밭 해"라고 했더니 처음에는 우리가 텃밭을 직접 큰 규모로 가꾸는 줄로 오해했다. 알고 보면 아직 텃밭은 초보 중 초보라 남 줄 만큼은 안 되고 그냥 우리 집 식탁에서 먹을 정도만 거둘 수 있는 수준이었다. 그래서 이웃 할머니와 장터에 나온 할머니들의 텃밭 채소를 찾아 나섰다. 비닐하우스가 아닌 노지에서 거두어들인, 이른 봄에 나오는 나물과 채소를 네다섯 가지 모아 씻어서 바로 식탁에서 먹을 수 있도록 하는 게 채소 바구니의 목적이다.

게을러서라기보다 몰라서 못 먹는 사람들을 위해 이 방법을 사용하기로 했다. 나물은 손이 많이 간다는 선입견 때문에 두 번 먹을 거 한 번만 먹게 되는 경우가 허다했던 과거의 기억을 돌이켜 볼 때, '바로 먹을 수 있도록 한다'는 것이 좋은 아이디어 같아 여기에 초점을 맞췄다. 그럼 요즘같이 혼자 생활하는 젊은 친구들도 손질한 채소를 바로 식탁 위에 올려 건강을 챙길 수 있지 않을까? 확실하게 방향이 정해졌다.

비닐하우스가 아닌 노지에서 나오는 나물이나 채소를 다듬어서 씻은 뒤 한두 번 먹을 양만큼 포장해 도시에 사는 필요한 사람들에게 배송하기로 했다. 일단 아는 사람들에게 우리가 하는 일을 알리고 주문을 받기 시작했다. 인사로 주문해주는 사람, 놀러 왔다 먹어보고 맛있어 주문하는 사람, 그리고 가족까지. 모두들 '돈은 안 되고 몸만 고된 일을 또 시작하는구먼' 하는 무언의 눈빛을 보냈지만 우리는 꿋꿋하게 스티커에 용기에 박스까지 주문하며 장날마다 모여 바쁜 시간을 보냈다.

첫 주문을 받은 날, 홍보용까지 포함해 50여 개의 박스를 준비했다. 신선도를 위해 새벽 장을 봐서 다듬어서 씻은 후 물기를 제거하고 하나하나 비닐봉지에 넣어 스티커를 붙이고 박스에 넣었다. 모든 것이 준비되자 우체국에 슬라이딩

하듯 넘겨주었다. 그날은 온 몸에 힘이 빠져 둘이서 그냥 부엌 바닥에 널브러졌다. 몸이 적응하지 못하는군. 그러다 벌떡 일어났다. 그렇다고 이러고 있을 수는 없지.

시골에서 짬짬이 일하다 막걸리를 마시는 이유를 알 것 같았다. 우리도 한잔 하자. 그날 오후 반 농담으로 와인만 마셨다는 수미재랑 막걸리로 건배하는 순간이 찾아왔다. 돈을 받고 무엇을 판다는 것이 이런 것이었구나. 공산품하고 달리 생물은 어떻게 대해야 하는지, 조심스러운 마음에 긴장감이 더했던 것 같다. 일단 출발은 했으니 그냥 가는 거다. 그때부터 장날마다 이리 뛰고 저리 뛰고 했다.

그런데 두어 달 지나 날이 더워지기 시작하면서 씻은 채소를 보내는 것이 무리라는 판단이 들기 시작했다. 포장이 문제였다. 주문량이 많으면 스티로폼 박스에 진공포장을 해서 아이스 팩을 넣는 방법도 있지만 상품 비용보다 포장과 택배 비용이 너무 높아져 채소는 이른 봄에 나는 상품으로만 해보기로 결정하고 일단락 지었다.

그러면서 수미재가 집을 떠나 학교 앞에서 원룸을 얻어 지내는 딸을 위해 엄마표 반찬 택배를 매번 보내는 것에 착안해 한 번에 바로 끓일 수 있는 된장찌개 팩을 해보면 어떨까 제안해왔다. 좋을 것 같은데! 자취하는 젊은 친구들이 번거롭지 않게 된장찌개를 먹을 수 있다면 이런 상품을 주문하지 않을까? 실험적으로 장을 다시 봐서 포장에 들어갔다. 감자를 포함한 달래, 냉이, 쑥, 된장, 수제 조미료(멸치, 말린 표고, 다시마 가루) 등을 준비해 냄비에 물만 넣고 위의 재료들을 풍덩 넣어 끓이면 한 끼 넉넉히 먹을 된장찌개 완성. 포장이 어설프긴 해도 정성은 단연 최상급이야, 하면서 재료들을 다듬고 씻고 담았다. 먹어본 친구들이 한결같이 시골의 맛이라고 했다. 우린 그 말을 너무 맛있다는 소리로 해석했다. 그럴 수밖에. 아무 조미료도 첨가하지 않은 천연의 맛인걸. 그게 바로 시골 맛이지. 우리가 추구하는 소박한 맛이라는 것을 알아주는 것 같아 기뻤다.

그런데 이 된장찌개 세트도 날이 뜨거워지니 봄날 입맛을 돋우던 달래며 냉이, 쑥을 노지에서 구하기 어려워 5월이 되면서 과일을 선보이기로 했다. 텃밭 바구니의 진화다. 5월이 되니 딸기에 참외에 멜론이 그 맛을 뽐내기 시작했다. 아직 주문량이 얼마 되지 않기 때문에 일정한 맛을 유지하는 과일을 공급해줄 수 있는 사람을 찾아다녔다. 양이 많지 않으니 선뜻 우리에게 과일을 넘기고 싶어 하지 않는 사람도 있었다. 괜히 몇 개 사지도 않으면서 까다롭게 군다고 생각하고 귀찮아하는 것도 같았다. 하지만 거기에 굴하지 않고 과일 공급업자를 찾았다. 우리에게 제대로 된 과일을 줄 사람을.

어쨌든 이 일을 시작하면서 나도 생각이 변했다. 맛있는 과일을 제값 주고 먹자. 그동안 내가 먹은 과일은 비싸게 산 맛있는 과일이거나, 맛없는 싼 과일이었던 것 같다. 과일을 구하러 다니면서 먹은, 밭에서 바로 거둔 딸기며 참외는 정말이지 꿀맛 같았다. 특히 멜론은 너무 달콤해서 어깨가 다 저릴 정도였다. 이 정도면 우리가 팔아도 되겠어. 일단 많은 사람들이 좋은 걸 먹고 좋은 게 어떤 건지 알게 하자. 그럼 아마 주문이 들어올 거야. 우리 생각이 맞았다. 멜론 주문이 들어오기 시작했다. 바로바로 밭에서 딴 걸 공급하기 위해 주문이 들어오면 달려갔다. "아저씨, 멜론 주세요." 이렇게 해서 다시 포장해서 보내다

보니 멜론이 가장 맛있다고 하는 6월이 다가고 7월이 찾아왔다.

올해 이렇게 해보면 내년엔 좀 더 적절한 때에 좋은 과일을 많은 사람들과 나눌 수 있을 거야. 이제는 무엇을 먹을까? 멜론에서 블루베리로 넘어가는 시점이 왔다. 그동안 감자도 주문받아 팔아봤다. 고령 옆이 개진이란 곳인데 그곳 감자는 땅이 그래서인지 어쩌나 분이 포근포근하게 나는지 한번 먹어보면 도무지 잊을 수 없는 감자의 명품이라고 우린 감히 주장한다. 덕분에 주변에 자신 있게 감자를 권하고 팔 수 있었다.

참 재미있는 것은 우리가 살고 있는 주변 지역에 이렇게 신선하고 맛있는 것들이 줄지어 있다는 사실이다. 누가 뭐래도 먹을 것만큼은 우리가 선택받은 사람이라는 생각이 들면서 이곳 주변에 점점 흥미가 생기기 시작했다. 아마도 우리가 신나 하는 만큼 그걸 가져가는 이들도 신이 날 것이라 믿는다.

가을이 오면 주변에서 농사지은 곡식과 그것을 튀긴 뻥튀기 간식, 그리고 묵나물을 준비할 것이다. 물론 사이사이 뻥튀기 간식을 선보이는데, 받아보는 이들의 말이 다 한결같다.

"맛이 차지네요."

우린 텃밭에서 나는 거친 채소와 나물로 밥상을 차리고 찌개를 끓이며 과일을 먹고 잡곡으로 뻥튀기를 한 간식을 먹는다. 그리고 그것을 도시 사람들과 자연스럽게 연결하는 고리 역할을 하고 있다. 우리의 텃밭 이야기가 그곳에서도 재미나게 펼쳐지기를 바라는 마음으로.

늦어도 천천히 가보기로 했다. 다음 해에는 텃밭다운 텃밭을 내 손으로 제대로 가꿔보리라 마음먹기도 했다. 올봄은 여전히 풀과 치른 전쟁에서 졌다. 실한 남의 고추밭을 부러운 눈빛으로 바라보며 이런 생각을 했다. 비닐을 깔지 않아서라고. 하지만 내년에는 맨손으로 제대로 해보리라!

그럼에도 가을이 깊어지면서 나는 잠정적으로 이 일에 직접 관여하지 않기로 했다. 내가 아소재에서 해야 할 일이 상대적으로 많이 늘었고 체력적으로도 힘이 들었기 때문이다. 하지만 봄부터 여름까지 우리가 밭으로 뛰어다녔던 일은 억만금을 준다 해도 사지 못할 귀한 경험이었다.

다시 몸과 마음의 여유가 생기면 '아소재의 자연주의'라는 이름으로 사람들과 나누고 싶다는 생각은 여전하다. 그래서 밥상을 차릴 때마다 그 사이 좀 더 실한 먹을거리들을 몸으로 체득해두어야겠다는 야무진 꿈도 함께 꾸게 된다.

이렇게 해서 "뭐 하고 살래"에 대한 내 대답을 스스로 준비하게 되었다. 여기까지 오는 데 3년이라는 시간이 걸렸다. 그동안 이런 일을 하면서 받는 대가에 대해 쑥스러워하는 맘이 있었다. 그런데 내가 아이들을 가르치는 일 외의 다른 일로 돈을 번다는 사실에 익숙하지 않은 데다 돈을 중요시 여기지 않으려는 내 태도에도 문제가 있다는 것을 알았다. 그런데 일이 익숙해지고 재미있어지면서 나름 일에 대한 정의도 내려지고 그에 대한 대가도 부담스러워지지 않기 시작했다. 이런 현상을 진화라고 할 수 있다면 난 분명 진화를 하고 있다.

본격적인 농사를 짓는 것은 부담스러운데, 시골에서 농사짓지 않고 먹고살 방법을 어떻게 찾는 게 좋을까요?

① 우선, 내가 원하는 것이 무엇인지, 내가 무엇을 좋아하는지 확실하게 파악해야 한다. 잘 모르겠다면 내가 심심할 때 뭘 하고 지내는지 살펴보면 무슨 일을 하고 싶은지 구체적으로 알 수 있다.

② 좋아하는 것이 확실해졌다면, 그것이 할 수 있는 일인지 판단한다. 당연히 좋아하는 일이면서 하고 싶은 일이 잘할 수 있는 일일 가능성이 크며, 그래야 오래갈 수 있다는 사실을 명심한다.

③ 동원할 수 있는 자원을 찾는다. 가능한 한 혼자 잘할 수 있는 일을 찾되 돈이 부족하면 시간을 더 쓰면 된다고 생각한다. 본인이 해야 할 일에 대해 의사가 분명하다면 도와주는 사람들을 저절로 만나게 된다. 시골은 품앗이가 잘된다. 게다가 잘 찾아보면 시골은 의외로 지원 사업을 많이 한다. 군청을 잘 활용하면 훨씬 쉽게 일할 수 있다.

④ 시골과 도시를 연결하는 일에 관심이 있다면 반드시 그 지역에서 나는 정직한 농산물과 제품을 다뤄야 한다. 서울에서도 쉽게 살 수 있는 농산물과 물건이라는 생각이 들게 하면 안 된다. 그렇기 때문에 도시에 제공하는 것들에 그들만의 스토리가 있어야 한다. 스토리텔링이 있는 정직한 농·수·축산물과 제품을 콘셉트로 해야 한다. 도시의 대형 마트보다 가격이 더 비쌀 수 있는 것들에 대해서는 그 이유를 사전에 명확하게 이해시킬 수 있도록 해야 한다.

⑤ 의욕과 결과가 늘 같이 가는 것은 아니다. 의도대로 결과가 나오지 않을 수도 있다는 것이다. 그래서 실패했을 때의 자세도 중요하다. 일단은 결과에 너무 집착한 것은 아닌지 돌아본다. 나 스스로 진심으로 즐길 각오가 되어 있지 않다면 즐길 맘이 들 때까지 기다려라. 아니면 즐길 수 있는 다른 아이템을 찾는 것이 좋다.

천연 먹을거리를 소포장해서 원하는 사람들에게 공급한다는 꿈을 가지고 시작한 작은 텃밭.

직접 생산할 수 없는 것들은 이웃 할머니와 장터에 나온 할머니들의 텃밭 채소를 구했다.

한동안 시도했던 '채소바구니'에는 노지에서 나오는 나물이나 다듬어 씻은 채소를 담았다.

성우당 게스트 룸 안에서 본 소미재. 지붕 뒤로 보이는 소나무가 멋스럽다. 집 뒤로 도로가 나면
서 소나무가 많이 뽑혔는데 그 와중에 살아남은 놈들이다.

본채 뒤쪽 문을 열면 키 작은 대나무가 보인다. 나중에 이 대나무가 쑥쑥 자라 담장 역할을 해
주길 기대하며 심었다.

시골에서 잘 살 수 있겠어?

철마다 다른 놀이, 말 그대로 시절 놀이

환경에 맞추어 사는 걸까? 아님 내가 환경을 만드는 걸까? 잘 모르겠다. 하지만 이곳에 산다는 것은 분명 다른 시간대를 사는 것 같은 느낌을 준다. 느리게 살 뿐만 아니라 자연의 시간에 맞게 나도 움직인다. 제일 먼저 그것을 알아채는 것은 몸이다. 누구에게나 똑같은 스물네 시간이 느릿느릿 또는 빠르게 지나지만, 나는 손으로 하는 일에 대부분의 관심을 쏟고 있다. 손으로 하는 일의 속성은 무엇보다 '느림'이다. 이 느림을 요구하는 삶에 무조건 뛰어든 것은 이 모든 일을 잘해왔다거나 잘하고 싶어서가 아니라 그냥 좋아서, 해보고 싶어서 시작했기 때문이다. 어쩌면 내가 너무 잘하는 일이었다면 싫증 내는 일이 될 수도 있었을 것 같다. 잘 모르는 일이고 해보지 않았지만, 언젠가 책에서 본 것 같기도 하고 주변에 있으니까 나도 한번 해볼 수 있겠다, 라고 생각했다. 내 생각의 시작은 늘 이렇게 단순하고도 어리다. 그러면서 혼자 하기는 심심하니까 같이 하자고 옆 사람들을 꼬드긴다.

"있잖아, 우리 이번에는 뭐 하고 놀래?"

완전 물귀신 작전이다. 그러면서 때가 되면 일하고 때가 되면 놀고 하는 게 이곳 시골에 와서 시작한 내 삶의 본질이라는 것을 어렴풋하게나마 스스로 알아가고 있다.

사람들이 종종 묻는다.

"한옥 체험 하신다고요?"

"예."

대답은 그리하나 왠지 그렇게 답하는 나는 어설프다. 그럼 난 숙박업자? 아니다. 나에게는 그런 프로 의식이 없다. 그래서 얼른 덧붙인다.

"여행자들이 한옥을 경험하는 것이고, 필요하면 몇 가지 프로그램을 즐길 수 있습니다."

그런데 정작 여행으로 '쉼'을 경험하고 싶다면, 그냥 아무것도 하지 않고 쉬는 것, 그 자체가 가장 좋지 않을까? 느긋한 쉼 말이다. 그럼에도 한 달에 한 번 절기에 맞는 '꺼리'를 찾아 나눠보고 싶은 생각이 들었다. 이것 또한 어디까지나 나를 중심으로 생각한 일들이다.

1월에는 요조숙녀 수놓기

늘 밖으로만 나돌아치던 내게 겨울이 깊어졌다. 모든 것을 안으로 걸어 잠그고 동면에 들어가는 자연의 섭리에 따라 이곳에서의 생활도 별수 없었다. 따뜻하게 방을 덥혀놓고 앉아서 여름 내내 동동거렸던 마음 붙들어 앉혀놓고 수를 놓았다. 번듯하게 배운 것도 없고 그렇다고 솜씨가 뛰어난 것도 아니지만 그냥 옛날 아낙처럼 일상의 시간 속으로 들어가니 그다지 수랄 것도 없는 수를 놓는 시간이 겨울이 지루하지 않은 이유를 제공해주었다.

너무 어려운 것은 시작부터 사람 기를 죽여 의욕을 상실하게 만드니 홈질부터 해보자는 것이 내가 주장하는 바다. 사실 홈질이야, 기본이 아닌가? 그래서 나는 홈질을 제일 좋아한다. 홈질 다음 단계로 조금 발전했을 때는 씨앗 모양으로 꽃수를 놓기도 한다. 그러니 서로 수를 놓자며 모였어도 가르쳐주는 이도 배우는 이도 없이 각자 무명천 하나 들고 앉아 시간 가는 줄 모르고 있을 뿐이다.

이무렵 거즈 천을 두 겹으로 박은 뒤 수를 놓았다. 그냥 하얀 도화지에 그림을 그리듯 수성 펜으로 나무 한 그루, 길 하나 그려놓고 또박또박 걸어가듯 수실로 홈질을 했다. 어느 날 조카가 내가 보내준 거즈 행주에 놓인 수를 보고 그랬단다.

"좀 쓸쓸해 보이네."

어린 녀석이 그런 말을 했다고 전해주는 동생 말에 잠시 흠칫했다. 어린아이들이 예민하기도 하지. 가끔 그렇게 내 마음이 드러나나 보다. 열심히 이것저것 손을 대던 중에 아래 동생이 아주 부드럽게 누빈 광목을 소개해주었다. 그것을 보니 불현듯 방석이 만들고 싶어져서 전에 엄마한테 재활용할 겸 얻어 온 무거운 솜 방석 열 개의 크기를 재어 커버를 만들어 왔다. 이건 시장에 가면 바느질 잘하는 아줌마들이 있어 약간의 비용만 지불하면 착한 가격에 만들어 올 수 있다.

하얗게 만들어 온 누비 방석에 나의 야심만만한 작업이 시작되었다. 일명 야생화 수놓기. 내 맘대로 쓰윽 그려서는 출처도 불분명한 꽃들을 수놓기 시작했다.

"무슨 꽃이야?"

물으니 대답은 해야지.

"응, 야생화."

그때 동생이 수틀이 있어야 한단다.

"그렇지 않음 수놓은 곳이 울어."

그 말에 얼른 수틀을 빌려서 놓았는데 확실히 그냥 수틀 없이 놓은 것과는 비교가 된다. 그렇게 열 개를 완성하고 나니 자신감이 충만해서는 보는 것마다 수를 놓고 싶은 생각에 손끝이 간질간질해지는 것을 느꼈다. 입던 치마 한 귀퉁이, 방석 모서리, 차(茶) 수건 한 귀퉁이에 겨울의 시간을 꿰면서 이 느린 바느질이 봄을 준비하는 아주 자연스러운 동면 활동이라는 것을 깨닫게 되었다. 누구나 한번 해보면 알 수 있다. 겨울 하룻밤 얼마나 많은 것들을 수놓을 수 있는지. 궁금하지 않은가?

Tip 거즈 천에 간단한 수를 놓아 행주 만들기

재료
거즈 천(35X25cm) 2장, 수실(초록, 분홍), 수성 펜(연필도 가능)

만드는 법
1. 거즈 천 2장의 앞뒤를 대고 창구멍만 남기고 박음질한 뒤 뒤집는다.
2. 창구멍은 공그르기로 꿰매고 가장자리에서 1센티미터 안쪽에 선을 그린 후, 원하는 그림(나무 또는 꽃)을 간단하게 두어 개 그린다.
3. 여섯 줄인 수실을 두 줄만 뽑아 그려진 대로 홈질을 한다.

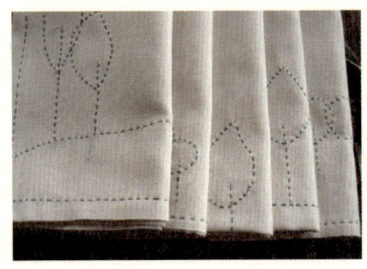 

2월에는 된장 담그기

구정이 지나면 곧 된장을 담근다. 엄마는 달력에 말이 그려진 말날에 장을 담가야 한다고 누누이 말씀하신다. 이유가 뭘까? 궁금해했더니 말날이 '맛있다'를 연상시킨다고도 하고 말의 핏빛이 붉고 선명하듯 장에 진하고 붉은빛이 들기를 바라는 기원이 담겨 있다고도 하는데, 하여간 장맛이 좋아진다면 말날에 장을 담그는 것이 뭐 그리 어려운 일이겠는가? 일부러 음력 달력을 찾아본 뒤 말날에 장을 담기로 했다. 겨우내 잘 띄워놓은 메주 덩이를 엄마가 보내주셨다. 장에 가서 행여 중국산 콩으로 만든 것이 아닐까, 라는 걱정은 하지 않아도 되는 게 나로서는 천만 다행이다. 엄마가 손바닥만 한 마당에 콩을 심어 가을날 거두어 이렇게 메주까지 띄워 보내주시니 말이다. 우리 농산물이라고 알고도 먹고 모르고도 먹는 일이 비일비재하지만 확실하게 알고 먹을 때 몸이 더 잘 알아주는 것 같다면 너무 과장된 표현일까?

생각해보면 된장 담그는 게 그리 어려운 일도 아닌데, 왜 그리 겁을 냈는지 모르겠다. 아마도 해보지 않았다는 것이 첫 번째 이유일 것이고 두 번째는 메주 만드는 데까지가 손이 많이 가서 그런 것 같다. 하여간 요즘은 이미 만든 메주를 살 수 있으니 우리 콩으로 잘 띄운 메주를 깨끗하게 씻어서 잘 말린 뒤 간수를 뺀 소금물에 담그면 된다. 이 요령이 된장 만들기의 관건이다.

메주 한 말(보통 크기에 따라 4~5덩이쯤 된다)에 소금물은 물 20리터에 소금을 5킬로그램 정도 풀면 되는데 가능한 한 간수를 뺀 소금을 푸는 것이 좋다. 이틀쯤 소금의 불순물을 가라앉혔다가 소독한 항아리에 메주를 넣고 가라앉힌 소금물을 부으면 된다. 그전에 항아리를 소독할 때는 깡통에 숯불을 넣었다 꺼내면 된다.

그런 뒤 메주를 항아리에 담고 소금물을 부은 다음, 그 위에 붉은 고추 몇 개, 숯, 대추 등을 함께 넣는다. 고추는 살균과 방부를 위한 것이고, 숯은 발효에 따른 잡냄새를 흡수하고 간장을 맑게 하는 역할을 하며, 대추는 간장 색을 붉고 진하게 만들고 장에 단맛이 우러나도록 한다. 그렇게 한 뒤 한 40일에서 50일 사이에 메주를 건져내어 치대면 맛있는 된장이 되고 시커멓게 변한 소금물은 끓이면 곧 간장이 된다. 된장을 맛있게 담그기 위한 중요한 포인트가 무엇일까 곰곰이 생각해보니 다음 네 가지로 정리할 수 있을 것 같다. 첫째, 좋은 우리 콩을 삶아 메주를 만든다. 둘째, 메주를 겨우내 잘 띄운다. 셋째, 간수를 잘 뺀 소금을 사용한다. 넷째, 소금물 농도를 잘 맞춘다. 그런 뒤 햇빛 좋고 바람 잘 통하는 곳에 두면 장맛은 절로 익어간다. 늦게 배워 시작하는 장 담그기지만 매년 하다 보면 맛도 깊어지겠거니 하는 희망을 갖는다.

그런 의미에서 나 같은 사람들이 함께 모여서 장을 담가보면 어떨까 하는 생각이 들어 장 담그는 행사를 갖게 되었다. 그렇게 두 해를 함께 장을 담갔다. 돌아오는 해에도 된장을 또 담글 것이다. 올해까지만 엄마가 메주를 만들어서 주신다 하니 내년부터는 메주를 직접 만들어 띄우는 일도 해야 할 것 같다. 하여간 어설프게 담근 된장이 해가 좋아선지 물이 좋아선지 시골 맛을 그대로 보여줄뿐더러 간장도 아주 달작지근하게 맛이 들어 본의 아니게 솜씨를 뽐내게 된다.

재료

메주 5개, 소금 5킬로그램, 물 20리터, 붉은 고추 5개, 대추 1주먹, 숯 약간

만드는 법

1. 간수를 뺀 소금을 물에 푼다. 이때 소금물의 농도는 달걀을 띄워
500원 동전 크기만큼 올라오면 된다.

2. 소독한 항아리에 메주를 넣고 소금물을 붓는다. 메주가 뜨지 않게 하려면
버드나무 가지나 대나무 가지를 구부려 넣으면 된다.

3. 50일 전후로 메주를 건져내 치대어 따로 항아리에 넣으면 된장이 된다.

4. 메주를 건져낸 소금물은 검게 변하는데 이를 끓이면 간장이 된다.

3월에는 매화차 즐기기

마당 안 매화나무가 추운 날을 걷어내고 고고한 자태로 꽃을 피우기 시작했다. 행여 꽃잎이 다칠까 한 송이 한 송이 정성껏 따서 바구니에 넣었다. 차로 만들었을 때 반쯤 핀 매화의 향이 더 진하고 좋았기 때문에 일부러 덜 핀 꽃들을 모았다. 그런데 차마 아까워서 많이 거둘 수가 없다. 늘 느끼는 거지만 꽃을 딸 때는 마음을 단단히 먹어야 한다. 그렇게 거두어 차로 만들 꽃들은 그늘진 곳에서 잘 말려야 한다. 한 이틀 말리면 되는데 습한 기운이 남아 있지 않도록 잘 살펴봐야 하는 것이 기본이다. 고운 먼지라도 앉을까 따뜻한 방 안에 한지를 죽 깔고 그 위에다 펼쳐놓고 말렸다. 조금이라도 꽃을 곁에 오래 두고 싶은 마음이 바로 차를 만들게 하는구나 싶은데 이게 욕심은 아닐까, 한번은 돌아보게 되는 것 같다.

매화가 한창일 때는 바로 나무 앞에 가서 꽃송이 몇 개를 따 찻잔에 바로 띄우면 되는데 말이다. 꽃이 지고 한참 지나 매화가 문득 그리워질 때면 물주전자를 올려놓고 바글바글 물 끓는 소리를 들으며 빈 찻잔에 마른 꽃 두어 송이 올려놓고 기다리면 된다. 이런 시간들이 더 이상 사치로 다가오지 않는다는 것을 두 해 봄을 나면서 깨닫게 되었다.

매화꽃 봉오리가 따뜻한 찻물에 닿으면서 살며시 피어나는 것을 보면 내 삶이 더불어 향기로워지는 것 같은 착각이 든다. 기분 좋은 착각이다.

Tip 매화꽃차 만들기

1. 꽃봉오리가 반쯤 벌어진 매화 꽃을 딴다. 가능한 한 장갑 낀 손으로 조심스레 거둔다.
2. 그늘진 곳에 한지를 깔고 이틀 정도 말린다.
3. 말린 꽃은 두세 개쯤 찻잔에 띄우고 한 김 나간 뜨거운 물을 부어 우려낸다.

4월에는 화전 부치기

추운 3월이 지나고 나니 벚꽃이 피기 시작했다. 그러면서 작년에 옮겨 심은 진달래가 여리게 피어났다. 진달래. 이번엔 기어이 진달래 꽃잎으로 화전을 해먹으리라 마음먹었다. 사람 마음이 참 요상한 것이 막상 집에 있는 몇 송이밖에 피지 않은 진달래는 아끼느라 따고 싶지 않아서 일부러 마을길로 내려갔다. 사람 발길이 별로 없는 산 아래 길로 들어서서 꽃을 따는데 지나가는 이가 묻는다.

"뭐 할라꼬요?"

"화전해 먹으려고요."

"…그렇게 따서야 언제 다 따누?"

그러면서 획~ 하니 가지 하나를 꺾어준다. 가지를 꺾으면 어떻게 하냐고 하려는데 뒤이어 금방 이렇게 말한다.

"괜찮아요. 한두 가지 꺾는다고 어찌 되는 거 아닌데 뭘요."

이곳 사람들은 늘 봐오던 거라 그런지 어설프게 내가 풀꽃 아끼는 게 우스워 보이고 벌레 꼬인다 내치는 찔레꽃을 챙겨 집 안에 들이는 걸 우스워한다. 한마디로 서울 촌놈인 거다. 여기서는. 어쨌든 진달래 몇 가지 꺾어 와서는 꽃을

따 냉장고에 넣었다. 그런 뒤 찹쌀을 불리고 집 앞 방앗간에 가서 가루를 내왔다. 화전에 필이 꽂힌 사람들이 다 모였을 때 찹쌀가루를 꺼내 와 익반죽을 하고 조그맣게 빚어서 프라이

팬에 기름을 살짝 두르고 얹었다. 찹쌀 반죽이 70퍼센트 정도 익었을 때 뒤집고 그 위에 진달래 꽃잎을 하나씩 얹었다. 그 상태로 다시 뒤집지 말고 그대로 접시에 올려놓으니 멋진 화전이 되었다. 모두들 기대 가득한 얼굴로 화전을 하나씩 들어 꿀에 살짝 찍어 먹으니 그 맛이 환상적이다. 아마도 봄을 이렇게 송두리째 먹는 사람들은 우리밖에 없지 싶다. 정말이지 원 풀었다. 화전놀이.

5월에는 머위데이

우리 집 마당에는 머위가 알아서 밭을 이루고 있다. 동네 어른들이 지나가시면서 뒷마당을 내려다보며 머위 키우냐고 하시는데 전혀 아니다. 그냥 알아서 스스로 번져 군락을 이룬 것이다. 5월에 나오는 머윗잎은 여린 잎이라 데쳐서 된장에 조물조물 무쳐 먹으면 아주 맛있다. 그리고 손바닥만 한 머윗잎은 살짝 데쳐서 쌈을 싸서 먹으면 머위 특유의 쌉싸래한 맛이 입맛 없을 때 제격이다.

엄마가 머윗대를 뽀얗게 벗겨내 들깨가루로 볶아준 것만 먹은 기억이 있는데 머위가 뒷마당에 차고 넘치니 갖가지 요리법을 생각하게 되었다. 일단 머윗잎을 따고 머윗대를 자르는 것에서부터 시작하는 게 머위데이의 출발이다. 이걸로 반찬해서 맛있게 밥 먹자! 이것이 바로 핵심인 것이다. 만들어놓고 보니 머위장아찌, 머윗잎 된장 무침, 머윗잎 고추장 무침, 쌈, 머윗대 들깨볶음. 머위 반찬 한 상을 차려놓고 서로들 숨넘어가게 먹다 눈이 마주치니 절로 풋, 하고 웃음이 쏟아진다. 그래, 이 맛이야!

6월에는 창포데이

2011년 단오는 6월 초에 있었다. 늘 창포 창포 하면서도 창포가 꽃창포랑 전혀 다르다는 것을 알지 못했다. 알고 보니 창포는 부들하고 비교되는 식물이고 꽃창포는 붓꽃하고 비교하면 된다. 그나저나 머리는 감고 싶은데 어디서 창포를 구하나? 마침 이웃 언니가 그 소리에 창포를 주겠다고 했다. 그래서 얻은 창포를 연 밭 가장자리에 심어놓고 단옷날이 가까워오기만 기다렸다.

"내가 좀 베어 갈게." 우리 집에 심어준 창포는 베기에는 얼마 되지 않는다고 또 한 번 언니가 마음을 내어 자기 집 창포를 한아름 베어 들고 나타났다. 창포를 물에 씻어 들통에 넣어 끓이니 그윽한 향이 났다. '그럼 우리, 신윤복의 민화 속 주인공이 되어볼까?' 여인들의 찰랑이는 머리카락이 절로 연상되었다. 물이 연둣빛 찻물처럼 우러났다. 매끄럽기 그지없다. 대야 세 개에 물을 붓고 각자 머리를 푹 담갔다. 이건 감는 수준이 아니라 거의 마사지 수준이다. 어쩜 이렇게 부드럽단 말인가. 얼굴이 발개지도록 머리를 대야에 박고 있다가 고개를 드니 머리 밑이 상쾌하다 못해 시원하다.

"옛사람들은 어떻게 창포물에 머리 감을 생각을 했을까?"

수건을 돌돌 머리에 말고 한마디 했다.

"우리 CF 찍을래?"

수건을 풀며 머리를 이리저리 흔들었다. 찰랑찰랑.

7월에는 연잎데이

나의 야심작, 연 밭에 연이 오르면서 얼마나 설레기 시작했는지 아무도 모를 것이다. 무심코 봐온 연 밭이 절로 되는 줄 알았는데 그게 아니었다. 연 밭을 만든다는 것은 물이 들고 나는 것을 염두에 두어야 하고, 이웃과 어떤 문제를 발생시킬 수 있는지 고려해봐야 한다는 의미다. 그리고 연근을 심고 잘 돌보는 것이 전제가 되어야 하는 일이다. 이제는 그것을 확실하게 알게 되었다. 이렇게 어렵게 만든 연 밭이니 연이 힘차게 땅을 뚫고 나와 물 위로 올라오는 것이 어찌 뿌듯한 마음이 들지 않겠는가. 연을 심은 첫해는 꽃 보기가 어렵다 하더니 정말 꽃이 피지 않았다. 그래서 싱싱한 연잎으로 차를 만들고 연밥을 해 먹자는 생각이 들었다. 연잎을 딸 때는 잎은 따고 남은 대롱에 이슬이나 물이 들어가지 않도록 햇살 좋은 낮에 하는 것이 좋다고 한다. 대롱으로 물기가 들어가면 뿌리가 썩기 때문이다. 해바라기처럼 해를 향해 있는 연잎을 한 아름 거두었다. 물에 닦으려 하니 물방울이 또르르 계속 굴렀다. 마치 나랑 구슬치기 하자는 것 같았다. 좀 놀아볼까? 잎을 이리저리 기울여보았다.

연잎을 따기 전날 찹쌀을 좀 불려놓았다. 불려놓은 쌀에 기장, 녹두, 팥, 현미 등 집에 있는 잡곡을 다 넣어 밥을 지었다. 나는 찹쌀밥에는 소금을 조금 넣는다. 간간하니 반찬 없이 그냥 먹어도 좋을 만큼. 그런 뒤 따 온 연잎을 살짝 쪄서 그 위에 찹쌀밥 한 덩이를 놓고 돌돌 말아 무명실로 질끈 묶었다. 그리고 다시 찜통에 넣어 10분 정도 김을 올려서 연밥을 만들었다.

연밥을 먹고 나서는 부드러운 연잎만 골라 두 가지 방식으로 차를 만들어보자고 했다. 하나는 닦는 방식이고 하나는 쪄서 말리는 방식이다. 우리야 완전 초짜이니 차를 덖기 위한 무쇠 솥이 있나 그럴듯한 팬이 있기를 하나. 하지만 우리는 일단 한다. 조금 깊이가 있는 볶음용 팬을 꺼냈다. 연잎을 쫑쫑 썰어서 아홉 번 덖었다. 여기서 덖는다는 것은 나처럼 차에 대해 문외한인 사람이 듣기엔 굉장히 어려운 말 같은데 한마디로 타지 않게 볶는다는 이야기다. 그리고 김을 빼고 다시 볶으니 그런대로 차로 먹기에 좋은 모습이 되었다.

우린 '오케이'를 외치면서 다음 순서로 들어갔다. 먼저 쫑쫑 썬 것을 찜통에 넣고 살짝 쪘다. 그런 뒤 무명천에 싸서 돌돌 돌리면서 물기를 뺐다. 두어 번 천을 바꿔서 그 작업을 한 뒤 방에 한지를 깔고 그 위에다 널었다. 이틀쯤 되니 잘 말라 시음을 해보았다. 개인적으로 그냥 덖은 것보다 이렇게 한 것이 더 나은 것 같았다. 물론 차를 즐겨 먹는 사람도 아니고 잘 알지도 못하나 이렇게 만들어본다는 것 자체가 나에게는 차를 마시는 것 이상의 기쁨을 주었다. 맛이 조금 떨어진들 어떠하리. 모두들 전문가가 될 필요는 없지 않은가. 그냥 내 생각이다.

1. 맑은 날 아침 연잎을 따서 흐르는 물에 헹군 뒤, 물기를 잘 닦는다.

2. 잎을 돌돌 말아 채 썰듯 가늘게 썬다.

3. 찜통에 넣고 살짝(한 김만 올린다) 찐다.

4. 마른 거즈 타월에 쪄낸 연잎을 넣고 돌돌 말아 물기가 사라질 정도로 비빈다.

5. 그늘진 곳에 한지를 깔고 비빈 연잎을 넣어 이틀 정도 말린다.

6. 한 김 나간 뜨거운 물에 우려내어 차를 마신다.

1. 물에 씻어 물기를 뺀 연잎을 준비한다.

2. 잡곡을 넣은 찹쌀밥을 지어둔다.

3. 연잎 한 장에 찹쌀밥 한 주걱을 넣고 돌돌 싼 뒤 무명실로 묶는다.

4. 찜통에 넣고 연잎 숨이 죽을 정도로 10분 정도 찐다.

5. 연밥과 잘 어울리는 반찬은 새콤달콤한 초절임 장아찌(오이나 양파 등)이다.

8월에는 모기 노! 데이

여름철 우리 집에 오면 내미는 게 있다. 우윳빛 스킨 같은 모기 접근 방지 스프레이랑 벌레 물린 데 바르는 만능 '버물리' 연고다. 시골에 오니 밖으로 내놓는 팔과 다리가 성할 날이 없다. 모기가 특히 좋아하는 나는 발목이랑 목덜미가 매일 긁어서 벌겋게 되어 있다. 그렇다고 허구한 날 가렵다는 타령만 할 수도 없는 법. 그래, 만들어보자. 스킨처럼 온몸에 발라도 좋을 것을 만들자. 일명 '모기 노! 스프레이.' 이걸 만들려고 도구를 꺼내놓고 보니 완전 실험실 같았다. 아마도 비커 때문이리라.

우리 집 천연 모기약은 뿌리면 향긋한 냄새가 난다. 재료로 사용한 에센셜 오일 때문이다. 달콤하면서도 강한 레몬 향이 나는 시트로넬라는 류머티즘이나 관절염, 감기 등에도 좋지만 곤충 기피제로 사용되는 대표적인 에센셜 오일이다. 상쾌하고 달콤하며 수목 향이 나는 라벤더 역시 살충 효과가 있어 나방 등을 쫓는 데 도움이 된다. 소독 작용이나 피지 분비를 조절하며 화상을 막는 기능도 해 더 좋다. 로즈 제라늄도 모기 퇴치, 염증 완화, 보습에 효과가 있으며, 캐머마일은 가려움증을 완화하는 데 도움이 된다. 계피도 모기나 벌레들이 싫어하는 대표적인 향이다. 이런 오일들을 준비할 수 없다면 비교적 구하기 쉬운 계피만 알코올에 담가 일주일쯤 뒤에 사용하면 된다. 순간적으로 알코올에 취할 수도 있으니 조심하자. 믿거나 말거나.

그다음에 만들 것은 만능 천연 '버물리' 연고. 이름 한번 요란하다. 하지만 정말 효능이 너무 뛰어나다는 것에 스스로 놀라서 그런 이름을 붙일 수밖에 없다. 이 연고는 벌레나 모기에 물린 데뿐만 아니라 뜨거운 햇빛에 심하게 노출

되었거나, 화상이나 타박상을 입은 곳에 발라도 좋다. 그런 증상에 효과가 있는 에센셜 오일이 들어갔기 때문이다. 이렇게 여러 부문에 효과가 있기 때문에 '만능 연고'다.

그 성분을 자세히 살펴보면 타마누 오일, 에뮤 오일, 칼렌듈라 오일, 햄프 시드 오일 등은 모두 피부 트러블, 항염, 상처 치유 등에 효과가 좋고, 라벤더, 페퍼민트, 캐머마일, 티트리 에센셜 오일 역시 벌레 물렸거나 햇볕에 그을린 데 좋다.

그리고 만능 연고에 반드시 넣는 것이 프로폴리스(100퍼센트)다. 이 재료는 이웃에 벌을 치는 사람이 있어 운 좋게 구할 수 있었다. '신의 선물'이라 불리는 이 프로폴리스는 죽어가는 사람도 살린다는 소문이 있을 정도로 약효가 뛰어난 성분을 함유하고 있다. 이는 식물이 꽃봉오리와 새순을 보호하거나, 수목이 상처 난 부위를 스스로 보호하기 위해 분비한 수지성 진액을 꿀벌이 수집해 타액과 효소를 섞어서 만든 끈적거리는 물질로 꿀벌 사회의 방어 물질이라고 할 수 있다. 즉, 식물의 방어 물질인 플라보노이드 성분의 결정체인 것이다. 프로폴리스는 면역력 증강과 항균 작용, 항종양 작용, 항산화 작용을 하는 신비한 자연 물질로 연고에 이것을 넣어 천연 보존제 역할도 겸한다.

'모기 노! 데이'에 참여한 사람들 모두 오일의 성분 리스트를 보더니 마구 의욕이 샘솟는다는 듯 눈을 반짝였다. 덕분에 나도 뭔지 모르게 보람된 일을 나눈다는 뿌듯한 느낌이 확 밀려왔다.

모기 노! 스프레이

재료

에센셜 오일 : 시트로넬라 10방울,
라벤더 5방울, 제라늄 5방울,
또는 캐머마일 5방울
유화제 : 올리브 리퀴드 4그램
정제수 92그램

만드는 법

1. 비커에 에센셜 오일 세 가지를
차례대로 담는다.
2. ①에 유화제를 계량한다.
3. ②에 정제수를 따른다.
4. 살살 저으며 잘 섞은 후에
스프레이 용기에 담아 사용하면 된다.

만능 '버뮬리' 연고

재료

베이스 오일 : 타마누 오일 20그램,
에뮤 오일 20그램, 칼렌듈라 오일 20그램,
햄프 시드 오일 15그램
밀랍 20그램
에센셜 오일 : 라벤더 10방울,
페퍼민트 5방울, 캐머마일 5방울,
티트리 2방울, 프로폴리스 3방울

만드는 법

1. 비커에 준비한 오일을 계량해서 넣는다.
2. ①에 밀랍을 넣은 뒤 밀랍이 녹을 때까지
가열한다. 밀랍은 섭씨 60도 전후에 녹는다.
3. ②에 에센셜 오일을 차례대로 계량해서
넣고 저어준다.
4. 굳기 전에 액체 상태의 오일을 용기에 담는다.

재료는 방산시장에 가면 큰 규모의 재료 상회가 많으니, 거기에서 구하면 된다. 오일을 살 때는 유통기한을 반드시 점검해야 하고 커다란 도매상을 이용하면 재료가 빨리 회전되기 때문에 신선한 오일을 구입할 수 있다. 도구는 비커 두 개, 온도계, 전자저울이 있으면 된다.

9월에는 사과잼데이

뜨거운 8월이 지나기 시작하면 집 뒤에 있는 사과 과수원에 슬슬 사과를 상자에 놓고 파는 할머니들이 자리를 잡으신다. 여긴 가야산 자락이라 기온이 다른 곳보다 섭씨 3~4도 정도 낮다. 그래서 사과가 맛있다. 여름과 가을이 맞물리는 시기에 나오는 홍옥의 새콤한 맛이 입안에 침을 고이게 하는 날, 사과를 샀다.

"할머니, 사과잼 할 건데요. 조금 흠집이 있어도 맛있는 걸로 챙겨주세요."

사과를 깎아 뚝뚝 잘라놓고 그 위에 설탕을 3분의 2만 넣었다. 비율은 사과 1킬로그램에 설탕 700그램으로 잡았다. 보통은 잼을 만들 때 1 : 1로 하지만 나는 그리 오래 저장을 하지 않을 양이라 설탕은 늘 3분의 2 정도만 넣는 것을 원칙으로 한다. 그렇게 준비한 다음 약한 불에 올려놓고 끓이다가 물이 많이 생기면 주걱으로 사과 덩이를 꾹꾹 한 번씩 눌러준다. 난 사과 입자가 종종 씹히는 것도 괜찮아 너무 곱게 으깨지는 않는다. 그렇게 해서 윤이 나게 황금빛으로 졸면 계핏가루(시나몬)를 솔솔 뿌려준다.

사람들이 처음엔 이게 무슨 맛이지, 하며 고개를 갸우뚱한다. 계핏가루 때문에 어디선가 먹어본 애플파이를 절로 떠올리게 되는 것이다. 사과잼을 맛있게 먹고 싶다면 일부러 홍옥을 구해서 해보길 권한다. 맛이 예사롭지 않으리라

확신한다.

참, 홍옥이 아닌 일반 사과로 잼을 할 때는 새콤한 맛이 덜해 레몬즙을 조금 넣기도 하는데 이는 사과잼을 약간 밀도 있게 하기도 한다. 해보니 아무래도 맛이 제일 좋은 것은 홍옥이지 싶다.

10월에는 가을 산행

39년 만에 가야산에 만물상 등산로가 개방되었다. 다들 어떻게 알았을까? 만물상에 오르려고 전국에서 그토록 많은 산악인이 몰려들 줄은 몰랐다. 우리 집 뒤로 계속 올라가는 차들을 보면서 등산로 하나 열리면 3년이 북적거린다는 말이 귓등으로 들을 말이 아니라는 것을 알았다.

가을이 되니 우리도 산행을 즐겨보면 어떨까, 라는 생각이 들었다. 일단 만물상은 초행이니 혼자 먼저 답사를 해보기로 하고 네 시간 정도면 된다는 이웃의 말만 듣고 아주 가벼운 마음으로 산 아래에 섰다. 그날 따라 사람들이 정말 많았다. 영락없이 만원버스다. 수많은 사람들로 붐비고, 한 사람 남짓밖에 지날 수 없는 데다, 초입부터 가파르기까지 한 등산로를 한 걸음 한 걸음 떠밀려 가듯 올라가야 했다. 여기에 나의 완전 초보 등산 실력까지 얹혀져 산을 올라갔다 내려오는데 다섯 시간 반이나 걸렸다. 더구나 물병을 차에 놓고 가는 바람에 주머니에 든 사과 하나가 목을 축일 수 있는 유일한 먹을거리였으니 배가 다 쏙 들어간 것 같았다.

어쨌든 답사를 끝낸 뒤 날을 잡았다. 이번엔 먹을 것과 물, 과일을 잊지 않고 챙겼다. 서고 끌어주고 밀어주는 아름다운 풍경을 연출하면서 산에 올랐고, 산 자락에서 심호흡 한번 하니 감탄사가 절로 튀어 나왔다. 내려와서는 마지막으로 물 좋기로 소문난 인근 호텔 사우나(호텔이라고는 하나 일반 목욕탕 비용에 불과한 착한 가격에 아주 만족해하며)에 가서 다리 근육을 풀어주는 센스를 발휘했다. 이 정도면 가을 산행 풀코스가 되겠지? 아, 한 가지 더! 바로 저녁 먹을거리. 막걸리를 곁들인 부침개를 먹는 것으로 가을 산행을 마감했다.

금강산은 비록 못 가봤지만 가야산 만물상은 이름에 걸맞게 사람들의 입에서 감탄사를 흘러나오게 만드는 힘이 있었다. 특히 나는 바위틈을 비집고 자라난 소나무에 마음을 빼앗겼다. 다음에는 등반하면서 소나무만 사진에 담으리라 마음먹으며 한가한 날이 언제일지 혼자 가늠해보았다.

11월에는 생강데이

시골은 공기가 달라지는 것을 빨리 느낄 수 있다. 아침에 일어나면 벌써 코끝이 싸하다. 미리미리 따뜻한 것을 먹고 몸을 데워놓아야지 싶은 마음이 절로 든다. 그래도 놀라운 것은 여기에 와서 감기다운 감기에 걸린 적이 없다는 것

이다(이 말을 하고 나는 콩 콩 콩 세 번 주먹으로 방바닥을 쳤다. 그래야 말이 끝나는 순간 감기에 덜컥 걸리지 않는다는 일종의 나만의 비방이다).

어쨌든 장에 나가 먹을거리를 보면 절

기를 확실하게 알 수 있다. 흙에 싸인 생강이 밭을 장으로 옮겨놓은 듯 싱싱하게 할머니들 앞에 놓여 있었다. 늘 설탕에 재서 먹는 생강차는 잠시 접어두고 이번엔 생강 설탕 조림인 편강을 만들기로 했다. 값도 값이지만 우리 생강으로 제대로 만든 편강을 먹기가 그리 쉬운 게 아니어서 도전할 만한 가치가 있다고 생각했다. 이런 마음으로 준비하다 보니 신바람이 났다. 생강데이를 기점으로 여러 번 편강을 만들어 사람들과 함께 나눠 먹었다. 편강 선물 덕분에 모두들 감기 고생을 안 했다는 또 하나의 전설 같은(?) 이야기가 전해진다.

Tip 편강 만들기

재료

생강 800그램

설탕 500그램

올리고당 1큰술

꿀 1큰술

만드는 법

1. 생강은 껍질을 벗겨 얇게 저며 찬물에 한 시간 정도 담가둔다.
2. ①의 우려낸 물을 버리고 다시 찬물을 넣어 한번 살짝 삶아 찬물에 헹군다.
3. 물기를 뺀 생강에 준비한 설탕과 올리고당, 꿀을 넣고 버무린 뒤 불에 올려놓는다.
4. 중간 불에 설탕이 녹을 때까지 둔다.
5. 한소끔 끓어오르면 불을 낮추고 저으면서 끓인다.
6. 바닥에 눌지 않도록 계속 저으면서 물기가 없어질 때까지 졸인다.
7. 완성되면 윤기가 잘잘 흐르는 생강을 얼른 채반에 올려놓고 식힌다.

12월에는 고추장 담그기

고추장 담그기. 시골로 내려오니 난생처음 해보는 일이 왜 이리도 많은지. 아니 '해봐야 할 일'이 아니라, '하고 싶은 일'로 말을 바꾸겠다. '평소 해보지 않았던 일 하기'가 내 인생 2막의 주제인지라 고추장 담그기는 아주 좋은 아이템이었다. 어쨌든 고추장 담그기 비법 전수자인 엄마랑 둘이서 그동안 입으로만 담가본 고추장 담그기 실습에 들어갔다. 일단 재료로 고춧가루 6킬로그램, 찹쌀가루 3킬로그램, 메주가루 2킬로그램, 물엿 5킬로그램(또는 조청 5킬로그램), 소금 1.5킬로그램, 엿기름 800그램을 준비했다. 그리고 고추장 담을 항아리를 깨끗하게 닦아놓았다.

먼저 찹쌀은 잘 씻어 불린 뒤 방앗간에 가서 빻아 왔다. 오랜만에 들어가보는 방앗간. 요즘은 참새보다 할머니들이 더 많다. 찹쌀가루는 송편 빚듯 익반죽을 하는데 이때는 물을 팔팔 끓여 한 김 내보낸 뒤 사용한다. 익반죽을 하는 동안 커다란 냄비에 식혜 만들 듯 엿기름을 가라앉힌 물을 넣고 끓였다.

반죽한 찹쌀가루로 큼지막하게 도넛을 만들었다, 웬 도넛? 그래야 속까지 빨리 익는단다. 찹쌀 도넛을 팔팔 끓고 있는 엿기름 물에 풍덩! 뜨거우니 조심조심. 익은 도넛은 꺼내 반죽을 시작했다. 이를 위해 빨간 고무 '다라이'랑 커

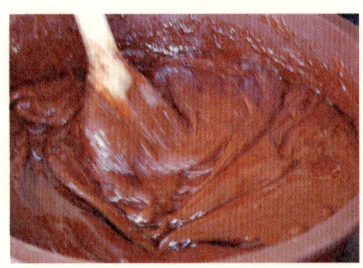 

다란 나무 주걱을 샀다. 살림꾼답게 살림 도구를 갖추는 중이었다. 다 풀어진 찹쌀에 고춧가루, 메줏가루, 소금을 넣었다. 메줏가루는 고추장용으로 파는데, 막장용 메줏가루는 거친 반면, 고추장용은 아주 곱다. 고루 뒤섞다가 조청과 물엿을 쪼르륵 부어 넣었다. 거기에 사이사이 엿기름물을 부어가며 휘익 힘을 들여 저으면 고추장이 완성된다. 반짝반짝 윤기가 자르르 흐른다. 이 상태로 이틀 정도 놔두면서 간을 보고 난 후, 적당하다 싶어 항아리에 담았다. 이때 싱거운 느낌이 들면 소금을 더 넣어 항아리에 담으면 된다.

작년에는 엄마에게 전수받은 방법 그대로 혼자서 만들어봤다. 혼자 하느라 힘은 들었지만 맛이 좋았다. 누가 그런다. 장맛의 90퍼센트는 물과 햇빛이 좌우한다고. 고개를 끄덕이게 된다. 내 솜씨가 아니라 자연의 솜씨였던 것이다. 어쨌든 덕분에 세 번째도 확실히 자신 있어! 그랬다.

그런데 세 번째 담그던 올해 깜박하고 잊은 게 있었다. 작년에 고추장 저을 때 힘이 많이 들었기 때문에 올해는 남자가 있었으면 좋겠다 싶어 팀을 짰다. 그런데 이상한 일이 일어났다. 익은 찹쌀을 건져내 으깨는 것까진 좋았는데 금방 굳으면서 고춧가루 떡이 되어버렸다. 조청이 너무 차져서 그런가? 돕겠다고 온 석현이는 그야말로 장정임에도 구슬땀을 흘리고 있었는데 이상하다 싶으면서도 그러려니 했다. 점점 더 힘이 드니 주걱은 팽개치고 장갑 낀 손으로 주물럭주물럭. 그렇게 어렵게 섞어 하루 두었는데 마침 다음 날 집에 오신 엄마가 보시며 하시는 말씀.

"너 엿기름 물 부었니?"

"예? 그럼 내가 작년에도?"

다행히 올해 고추장은 작년보다 부드럽게 되었다.

시절 놀이라는 게 뭐 별건가. 때가 되면 일하고 때가 되면 노는 게지. 그렇게 생각한다. 가르치는 자가 따로 있고 배우는 자가 따로 있다고 생각하지 않는다. 그렇다. 우리는 배우는 자이자 동시에 가르치는 자이기도 하다. 그래서 모두가 자연과 함께 사는 길을 걷자고 하는 것이다. 내가 좋으니 함께 가자고 살짝 꼬드기는 것이다. 해가 뜨면 일어나고 해 지면 잠을 자는 것처럼, 아주 일상적인 삶이 물처럼 자연스럽게 흘러가듯 우리도 흐름을 함께 타며 가자는 것이다. 가능한 한 자연스럽게. 시절 놀이를 혼자 또는 여럿이 하면서 늘 생각하는 것은 '자연스럽게 흘러가기'이다.

어른들을 위한 모임, 외우

한가롭게 뒹굴고 싶다. 이 말이 '쉼'의 의미로 다가올 줄은 몰랐다. 우리 집에 오는 사람들은 대청마루만 보면 눕고 싶다는 말을 한다. 처음에는 그 말을 있는 그대로 이해했다. 정말 눕고 싶은 자리가 있다는 게 얼마나 다행인가? 그것도 우리 집 대청마루라니. 그럼 우리 한 달에 한 번 모여볼까? 몇 명이서 의기투합을 했다. 정말 이것도 병이다. 결국 '뒹굴다'라는 말에도 의미를 부여해 일을 만들고야 말았다. 그런데 뭐, 좋아서 하는 일이잖아? 그렇게 우리 스스로를 이해시켰다.

주제는 책을 읽거나 영화를 한 편 보고 사는 이야기를 하는 것. 사실 알고 보면 수다의 연장이다. 아마도 그렇게 되기가 쉬울 거라고 생각했다. 어쨌든 우리가 이 기회에 잠시라도 즐겁게 몰입할 수 있는 시간을 가질 수 있다면 오히려 그게 더 '쉼'에 가까운 일이 아닐까. 나는 그렇게 믿고 있다. 권태를 느끼고, 우울하다는 것은 뭔가 관심을 쏟을 일이 없기 때문이다.

그래서 하루를 대청마루에 누워서 하늘을 보는 일부터 시작했다. 서울 사는 친구들이 처음 몇 달은 때에 맞춰 오더니만 매달 그러기가 쉽지 않다는 걸 깨달았다. 도시 생활은 아무 일이 없어도 한 달에 한 번 시간 내기가 만만치 않다는 것을 잠시 잊었다. 그것은 오십 가까이 살아온 내가 더 잘 알고 있는 것이었다. 그래서 이 모임은 잠시 소강상태에 들어갔다.

그러다 다시 마음을 다잡았다. 시간이 되어서 참석할 수 있으면 하고, 아니면 모일 수 있는 사람들끼리 모여서 책도 읽고 이야기도 하면서 놀아볼까. '뒹굴어 보기.' 한마디로 요지는 그거였다. 우리 집에 오면 아침 일찍 일어나 아침 해가 깊숙이 들어오는 대청마루에 앉아 책장을 넘기면서 커피 한잔 마시는 것부터 시작한다. 그냥 편안하고 익숙한 그림이 생활의 한 부분으로 쏘옥 들어오는 모습이랄까. 그렇게 다들 앉아 있는 모습을 주방 창으로 보고 있으면 행복해진다. 나의 공간 안에서 편안하게 물결을 타고 있는 느낌이 든다. 아마도 우린 계속 이렇게 모여서 함께 시간을 누릴 것이다. 아소재의 대청마루는 무엇을 하고자, 얻고자 하는 목적이 없어도 누릴 수 있는 그 모든 것을 이곳에서 누리라며 말없이 누워 기다리고 있다. 나는 그것을 매일 확인하고 있다.

이렇게 우리가 모였다 흩어지는 시간이 쌓이다 보면 오래전부터 내가 꿈꿔온 작은 살롱이 주제를 달리한 채 한 달에 한 번이 아니라 일주일마다 열리는 날이 오지 않을까 한다.

아소재의 본채 내부의 모습. 이곳 대청마루는 여름에 열리는 독서 캠프의 교실이 되기도 하고, 음악 감상실이 되기도 하고, 수다방이 되기도 하고, 미니 콘서트가 열리는 무대가 되기도 한다.

가을 놀이마당

이곳에 와서 한 해를 보내고 나니 가을걷이를 할 때가 되었다. 창밖을 바라보다 이런 생각이 들었다. '나도 가을 놀이를 해봐야겠다.' 그런데 뭐든 틀에 매인 것을 잘하지 못하다 보니 어떻게 하면 심리적으로 부담을 갖지 않고 놀이마당을 열 수 있을지 고민이 되었다. 옆집에 놀러 오듯 와서 흥이 나니 노래 한 자락과 어깨춤이 절로 나오는 놀이마당을 어떻게 하면 펼쳐볼 수 있을까 생각하기 시작했다.

말은 하고 볼일이다. 아무도 아는 이 없는 이곳에서 윗마을에 사는 분이 판소리 한 자락 뽑아주시겠다고 약속을 하셨다. 지금은 가까이 지내지만 그 때만 해도 아직 서먹했던 이향미 시인이 마음을 써주어 시 낭송을 준비해주기로 했고, 친구의 동생이 부채춤을 추겠노라 해서 조금 어설프지만 그런대로 사람들이 올 이유는 조금 만들 수 있었다.

그리고 난 여기 와서 처음 하는 행사라 집들이 개념으로 간단히 먹을 것을 준비했다. 삶은 고구마 한 소쿠리, 오이 한 바구니, 사과 한 바구니 그리고 미나리 전에 동동주까지. 친구들이 와서 전을 부친다고 기름 냄새 폴폴 풍기니 절로 잔칫집 같은 느낌이 들어 흥이 났다. 일 년 만에 아소재의 신고식은 그렇게 치러졌고 난 다시 한 번 마음먹었다. 해마다 이렇게 가을이 오면 하루 기분 좋게 놀아줘야지.

다음 해, 그러니까 2010년이다. 생각지 않은 행운이 찾아왔다. 쟁쟁한 연주자들이 도시에서도 자주 맛볼 수 없는 음악을 들려주러 이곳까지 내려올 기회가 생긴 것이다. 길담서원의 한 파트인 책마음 샘에서 활동하는 그들은 문화적으로 조금은 쉽게 접하기 어려운 도시 외곽 지역 곳곳을 찾아다니며 좋은 음악을 나누는 일을 하는 단체다. 우리 동네 아이들이 그 두 번째 선물을 받게 된 것이다. 우리 동네에는 초등학교와 중학교가 있는데 여느 시골 학교처럼 학생 수가 많이 줄어 선생님들 고민이 여간 아니다. 더구나 한 부모 가정의 아이들, 할머니나 할아버지와 함께 사는 아이들, 부모와 떨어져 있는 아이들이 의외로 많아 그 아이들을 위한 시간이 되면 좋겠다고 의견을 모았다.

많이 낡았지만 연주가 가능한 피아노가 있는 중학교 교장 선생님을 찾아가 연주 목적과 내용을 말씀드리니 흔쾌히 제안을 받아들이셨다. 학교의 준비로 강당에서 토요일 연주회가 열릴 예정이라고 플래카드는 붙자 어쩌면 시큰둥하게 반응하지 않을까 생각했던 아이들의 기대가 의외로 크다는 사실을 알게 되었다. 학교 음악 선생님 말씀으로는 그날이 '놀토'인데 도시락까지 싸오면서 연주를 기다렸다고 한다. 사실 그렇게 말씀하지 않아도 연주를 듣는 아이들에게서 충분히 그 열의를 느낄 수 있었다. 간단한 놀이마당도 좋지만 이렇게 멋진 연주자들의 연주를 들을 수 있는 기회도 함께 누리면 좋겠다는 소망이 해마다 실현되면 얼마나 좋을까? 그날 강당에 모인 마을 사람들이나 아이들, 선생님 모두들 감동 그 자체였다. 길담서원 식구들 덕분에 내가 우리 동네에 들어와서 뭔가 보람된 일을 하나 한 것 같아서 벅찬 감정이 올라오는 날이었다.

그런데 음악회가 가을이 아닌 여름 끝자락에 있었던 터라 아소재만의 놀이마당을 어찌 할까 다시 고민해야 했다. 음악회가 아주 훌륭했으니 이번엔 가벼운 산행으로 대신해볼까? 산행 후 저녁때 뒤풀이를 하면 좋겠다. 그렇게 해서 작년에는 가야산 만물상을 등반했다.

2011년, 다시 8월이 끝나고 9월이 시작되면서 가을 놀이마당을 준비해야 했다. 한참 고민한 끝에 드디어 원하는 방향을 잡았다. 일단 이름을 다시 정했다. '아소재 가을 살롱'

그동안 우리 집에 다녀갔던 사람들이나 오려 했던 사람들 중심으로 모여 간단히 저녁을 먹으면서 나눌 재능이 있으면 내놓고, 아니면 직업과 생각이 다양한 낯선 사람들끼리 아소재를 공통분모로 친구가 되는 시간을 갖는다는 내용이다. 친구가 된다는 것은 대화를 나눈다는 뜻이다. 우리는 모두 친구가 되기로 했고 친구가 되었다. 체력이 닿는 대로 밤새도록 말이다.

음식 준비는 한결같이 동석이가 맡아주기로 했다. 이게 얼마나 큰일을 덜게 하는지 아마도 알 만한 사람들은 다 알 것이다. 아무튼 동석은 장을 보고 음식을 하고 설거지를 하는 일까지 풀코스로 맡아주었다. 덕분에 난 사람들 사이에서 편안히 있을 수 있었고. 더구나 이번 모임에는 오래전 알게 된 '이름 없는 공연 팀'이 와서 4대 강 관련 무언극을 30여 분 정도 보여주었다. 자연을 사랑하는 우리들에게 더할 나위 없이 귀한 시간을 준 두 사람의 모습은 아마도 해마다 만나게 될 것 같은 예감이다.

감동은 말하지 않아도 전해지는 법, 그날 밤 늦게 일터에서 그 먼 거리를 마다하지 않고 달려온 젊은 친구들을 보면서 내가 서 있는 이 자리가 참으로 귀한 자리임을 알아챘다. 무엇이 우리를 이렇게 엮어주는 것일까? 나는 해마다 열릴 아소재 가을 살롱이 기대된다.

삶의 윤활제, 수다 수다

처음엔 내가 서울을 떠났다 하니, 그것도 한옥에서 산다고 하니 모두들 궁금해서 들여다보고 싶어 했다. 물론 친구들과 지인들 모두가 "와봐, 좋아!"라는 말로 꼬드기니 한걸음에 달려와주었다. 저녁을 먹고 나서 주방에 앉아 어둠을 반찬 삼아 이야기하기 시작하면 거의 먼동이 틀 때까지 계속되는 일이 다반사였다. 처음엔 의식하지 못했는데 어느 날 문득 성별과 나이와 상관없이 이야기가 깊어진다고 느껴졌다. 무슨 일이 벌어지고 있는 거지? 이야기를 나눌수록 일종의 자기고백 시간 같은 느낌이 들었다.

서로 이야기를 주고받으면서 얕을 수도 있고 깊을 수도 있는, 누구나 갖고 있는 자기 안의 상처를 치유하고 싶어 한다는 것을 알았다. 나 또한 예외는 아니었다. 그렇게 아소재에 오는 사람들이 머물다 가는 동안 내게 있던 보이지 않던 생채기들이 치유되면서 배우는 일도 늘어났다. 늘 책에서만 봐오던, '그래야 하는 것들'을 몸으로 체험할 수 있는 시간이 찾아온 것이다. 그건 바로 나에게 선물과 같은 날들이었다. 그들이 들고 있는 크고 작은 문제와 이야깃거리가 내게는 하나의 선물처럼 느껴졌다. 서로 들어주고 나누는 것만으로도 그 해묵은 것들이 다시 생기를 찾아 제 갈 길을 가는 듯한 느낌이 들었다. 살만하다는 것은 바로 이런 느낌이 아닐까? 선물이 내게 아침 햇살처럼 쏟아졌다. 나눌수록 커지고 넘친다는 말은 맞는 것 같다.

대청마루에 설치한 오디오가 제자리를 찾은 듯 소리를 내자, 문풍지가 진동하며 소리가 울리기 시작했다. 오디오에서 흘러나오는 소리는 사람들의 마음을 사로잡았다. 그래서 자신이 즐겨 듣던 음반을 슬그머니 내려놓고 가는 일도 생겼다. 그래서 누군가가 놓고 간 음반을 듣고 있으면 그 음반의 주인을 떠올린다. 아바는 아바대로, 기타 연주곡은 기타 연주곡대로. 사람들은 느끼면 표현하게 되어 있다는 사실을 깨달았다.

예의상 하는 말은 어딘지 진실성이 결여되어 그것을 알아채는 데 그리 오랜 시간이 걸리지 않는다. 그래서일까? 난 사람들이 진심으로 기뻐하고 진심으로 이 공간과 시간을 누리다 가는 것을 느낄 때면 내 자신이 고양되는 것을 깨닫는다. 내가 더불어 이렇게 성장하고 있다는 충만한 느낌 말이다. 자신이 가장 좋아하는 것들을 나누고 싶어 하는 마음은 누구나 같다. 그래서 자기가 즐겨 듣던 CD를 주고, 커피를 보내주고, 꽃씨를 보내주는 일이 매일 선물처럼 일어나는 것이다. 정말 멋진 일이 아닌가.

가끔은 기꺼이 노동력을 기부하겠다는 젊은 친구들도 나타난다. 물론 내가 옆구리를 살짝 찌르긴 했지만, 못한다고 아니라고 손사래를 치는 사람은 없다. 작년 무지무지 찌던 여름날 지은이랑 수연이가 농활이란 이름으로 우리 집에 왔다. 난 그랬다. "숙식 제공 오케이! 대신 풀을 뽑아줄래?" 장마가 끝나자 기승을 부리는 풀들이 내 아끼는 꽃들을 다 집어삼키려는 순간 그들이 나타난 것이다. 도와주러. 시골의 일, 특히 풀 뽑는 일은 새벽같이 해야 한다. 그런데 평소 도시에서처럼 늦게 일어나 해가 중천에 떠서야 모든 장비를 걸치고 앞마당 둔덕으로 호미를 들고 나가 앉았다. 밀짚모자와 선글라스는 필수란다. 한 인물 하는 젊은이들이라 보기에는 꼭 산책하는 모양새지만 "좋아"라고 했다. 그럼에도 은근히 걱정이 되긴 했다. 물 잔을 준비해 나가보니 한 시간도 안 되었는데 다들 얼굴이 벌겋다. 피부 미용에 얼마나 신경을 쓰는 젊은 이들인데 괜찮을까?

결국 그날 계획한 일의 반의 반도 못한 풀 뽑기를 그만두고 오후가 되자 일사병 직전까지 간 그들을 데리고 물가로 나가고 말았다. 물가에 데려다 놓으니 무슨 해변에라도 온 것처럼 신이 났다. 중학생 독서 캠프에 왔던 아이들보다 더 신나게 노는 걸 보고 노동력 기부도 아무나 하는 게 아니라는 사실을 확실하게 알았다. 하마터면 멀쩡한 처자들을 잡을 뻔한 사건이었다. 물론 일이 이렇게 된 데는 함께 오겠다는 '남친'들이 오지 않았다는 것이 결정적이었다. 어쨌든 나는 그날 이후 노동력 기부는 선별해서 받겠다고 선언했다. 이왕이면 건강하고 힘 좋은 젊은 친구로!

참, 선물 이야기가 나왔으니 이 이야기도 잠시 하고 가야겠다. 한동안 우리 집에 오는 사람들은 먹을 것을 준비해서 찾아왔다. 웃으며 내가 제대로 할 줄 아는 게 없어 먹을 만한 게 없을 것이라 생각한 것이 아니냐고 물으면 물론 아니라고 한다. 알아. 내가 그 맘 알지. 그리고 오기 전에 전화해서는 꼭 그런다.

"뭐 필요한 거 없어? 시골에서 살 수 없는 거."

갑자기 웃음이 난다. 여기가 오지인 줄 알아?

"됐어요. 여기도 사람 사는 곳이거든요."

금방 조리해서 먹으면 되는 것들을 바리바리 싸서 오는 것을 보고 "내가 참 복이 있어"라는 말을 수도 없이 했다. 날마다 소풍처럼 즐거울 수 있구나 싶었다. 천상병 시인을 굳이 들먹이지 않아도 말이다.

"뭐 드시고 싶은 거 없어요? 제가 해드릴게요."

국수를 특히 잘 마는 처자 수현이는 늘 이렇게 말했다. 하도 맛있어서 내가 한마디 했다.

"우리 국숫집 할까?"

어쩌면 이다음에 우리 둘이서 국수 가게를 연다면 아마도 그때의 인연이 싹을 틔운 것이라고 믿어도 될 것이다. 사람들이 서로를 위하는 마음을 이곳에 내려놓을 때마다 난 생각한다. 나는 나이만 들었지 정작 어른처럼 의젓하지도, 그렇다고 온전한 생활인도 못 되는 어중간한 사람이 아닐까. 어쨌든 사람들이 전보다 더 많이 날 챙기는 걸 보면 아마도 내가 몹시 어설퍼 보이는 시골 생활을 시작했기 때문일 것이다.

요즘은 그런 생각을 한다. 사람들에게 매일 받을 수만은 없지. 내가 집하고 친해지는 시간이 지나면 내 안에 있는 활기찬 기운을 모두 다시 돌려줄 수 있을 것이라고 말이다.

"우리, 나눠 갖자."

이웃, 동물, 식물 모두 함께 살아요

'와요' 아저씨

어디를 가든 사람들이 있고, 그들의 이야기가 있다. 스스로 내성적이라 규정하고 살던 나에게 낯선 곳에 와서 사람들과 어울린다는 것이 쉬운 일이 아니었다. 원래 전에 살던 아파트에서도 앞뒷집 통하면서 산 적이 없다. 동네 사람들과 일부러 어울릴 일이 별로 없다 보니 내가 유일하게 잘한다 싶은 일은 동네 어른들과 마주칠 때 무조건 큰 소리로 인사하는 것이다.

"안녕하세요?"

그럼 무심코 지나가려다 화들짝 놀라시며 고개를 끄덕이신다. 그렇게 몇 번하고 나니 한 번쯤은 말을 건네기도 하신다. 그게 어찌나 반가운지.

"고추 심었구먼. 매실이 늦었네. 얼른 따야지."

"와요?(왜, 무슨 일 있어요?)"

딱히 궁금해서 묻는다고 생각지는 않아도 물어봐주는 사람이 있다는 것은 이 낯선 곳에서 비빌 언덕이 생긴 것처럼 의지가 된다. 보는 사람들마다 "뭐 해요?" 하고 물으면, 그냥 "놀아요" 한다. 묻는 사람이나 대답하는 사람이나 그렇게 큰 의미를 담아 하는 말은 아니지만, 그런 것이 서로의 인사법이라는 것쯤은 나도 안다.

처음 이곳에 와서 집을 손볼 때 많은 동네 사람들이 들여다봤다. 그런데 새참때만 되면 꼭 나타나는 사람이 있었다. 처음엔 서울식으로 '도대체 누구야?' 하는 맘이 들었다. 하지만 먹는 거 갖고 야박하게 구는 것은 아니지 싶어 모른 척했다. 그런데 재미있는 것은 같이 일하시는 분들도 다 아무렇지도 않게 나눠 드시는 것이다. 나중에 알고 보니 우리 집에서 일하고 계신 분의 동생이라고 했다. 일상생활을 하는 데 조금 서툰 사람이었다.

어느 날 저녁 무렵 어두워져가는데 전기가 픽하고 나갔다. 아무도 없는데 전기는 나가고 어쩌지, 하며 두꺼비집 앞에서 동동거리고 있는데 갑자기 슈퍼맨처럼 길가에서 집으로 미끄러지며 내려오는 사람이 있었으니 바로 그 아저씨였다(우리 집은 길가 아래에 자리하고 있는데 둔덕이 있어 사람들이 급하면 그냥 미끄러져 내려온다).

"와요? 전기 나갔어? 전기 나가면 깜깜한데. 깜깜한데."

늘 웃는 얼굴로 다니는데 그 얼굴에서 걱정스러운 목소리가 배어 나왔다.

"전화해봐. 전화해봐."

실은 처음엔 못 알아들었다. 한전에 전화해보라는 말이었다. 그 이후에도 몇 차례 더 정전이 되었는데 그때마다 희한하게 어디선가 그가 나타났다.

"와요?"

한번은 집 뒤 가로등이 나가서 들어오지 않았다. 당연히 뒷마당이 어두워졌다. 그런데 아저씨가 가로등 아래서 자꾸 위를 쳐다보았다.

"뭐 하세요?

"이거 떨어졌어. 이거 떨어졌어."

"뭐가요?"

그리고 보니 가로등 위 변압기에 선이 떨어져 덜렁거리고 있었다.

"아저씨, 행여 올라갈 생각 마세요. 사람 부를게요."

그렇게 눈에 들어오기 시작한 아저씨를 동네 곳곳에서 보게 되었다. 마을에서 어떤 일이 생기거나 누가 어떤 일을 하고 있으면 그 아저씨가 보였다. 동네 어귀에서 도로를 닦는 공사가 한창일 때 아저씨가 종종 뜨거운 햇살도 마다하지 않고 서서 덤프트럭이 흙을 실어 나르는 모습을 하염없이 쳐다보고 있는 것이 눈에 띄었다.

"아저씨, 더워요. 집에 가요."

"헤…."

웃음소리다.

얼마 전에 농협에서 아저씨를 만났다. 나이 든 형수를 따라왔다. 손에는 아이스크림을 들고 행복해하는 모습으로 나한테 아이스크림을 들어 보인다.

"헤~" 나도 과자 봉지를 들어 흔들어 보였다.

미안해요, 바빠서

우리 집은 동네 초입이면서 터가 길고 호처럼 생겼기 때문에 동네 사람들이 가끔 급한 마음에 우리 집을 가로질러 가기도 한다. 지금은 그 마음을 충분히 이해하고 있다. 하지만 처음에는 도무지 알 수가 없었다. 아니 왜? 길이 있는데 남의 집 앞마당을 가로질러 자기 길처럼 지나가는 것일까. 그럴 때면 평상시 꼬리만 흔들던 레오가 유독 밥값을 하겠다는 듯이 짖는다.

한번은 아줌마가 지나갔다. 벌써 여러 번 지난간 적이 있는 아줌마였다. 그래서 "누구세요?"라고 묻는 대신 "안녕하세요?" 하고 일부러 큰 소리로 인사를 했다. 물론 그 말 속에는 "아줌마 왜 자꾸 우리 집을 거쳐 가나요?"라고 묻고 싶은 마음이 담겨 있었다.

그렇게 얼마가 지났을까? 어느 날 또 모른 척 고개를 집 쪽이 아닌 바깥쪽으로 돌리고 바삐 지나가는 아줌마를 물끄러미 보고 있는데 문득 내 시선을 느꼈는지 고개를 돌리며 그런다.

"미안해요. 바빠서."

막상 그 말을 들으니 할 말이 없어졌다.

"괜찮아요."

5년 가까이 비어 있던 집이라 급하면 집 마당을 통과해 지나다녔던 모양이다. 그러니 내가 이사 왔다 해도 돌아갈 엄두가 나지 않았던 것 같다. 나름 이해는 해도 솔직히 적응이 잘 안 됐다. 그러다 어느 날 밤 개가 짖고 차 소리가 요란하기에 에라 무서운 마음도 뒤로하고 마루로 나가보았다. 그랬더니 마당 안으로 차가 헤드라이트를 밝히고 들어오는 것이 아닌가? 그때 난감했던 심정은 이루 말할 수 없었다. 소리를 질렀다. 택시였다. 차가 잠시 머뭇거리더니만 다시 돌아 나갔다. 아무런 설명도 없이. 곧이어 집 뒤에서 사람 소리가 나는 걸로 봐서 아마도 동네 누군가가 택시를 불렀고, 아저씨가 길인 줄 알고 집 뒤가 아닌 집 안으로 들어선 것 같았다. 상황이 이해가 되었다. 그런데 황당하고 놀란 마음은 밤새 가라앉지를 않았다.

그 사건이 있은 이후 대문에 대한 생각을 구체적으로 하기 시작했고 그래서 일단 기둥을 세웠다. 그리고 제주도식으로 대나무 두 개를 잘라 길게 걸쳐서 개인 공간임을 굳게 선포했다. 하루는 늘 우리 집 앞마당으로 지나가는 아줌마를 길에서 봤다. 날 보더니 서둘러 말을 건넸다.

"내 거기로 안 다닐게요."

순간 미안한 맘이 들었다. 아마도 대나무 걸친 게 자기 때문이라고 생각하는 것 같아서. 그래서 나도 서둘러 변명 아닌 변명을 했다.

"차가 밤에 길인 줄 알고 들어와서 그랬어요. 바쁘시면 마당 가로질러 가셔도 돼요. 정말이에요."

"에구, 고마워라."

요즘도 아주 가끔 한 번씩 집 앞으로 까만 비닐봉지 하나 들고 서둘러 걸어가는 아줌마의 모습을 본다. 이제는 눈이 마주치면 손을 들어 웃어준다.

'워낭소리' 할아버지

몇 년 전 영화 〈워낭소리〉를 보고 얼마나 훌쩍거렸는지 모른다. 아무리 시골이라 해도 이곳 역시 기계화의 혜택을 충분히 누리고 있다. 그런데 몹시 무더운 어느 여름날, 마당 너머 길에 무심코 눈길을 던졌는데, 소가 한 마리 타박타박 걸어 내려가는 게 보였다. 비쩍 마른 늙은 소였다. 그 이후로 종종 달구지를 끌고 가는 소가 눈에 띄었다. 우리 집에서 다섯 단지쯤 떨어진 곳에서 농사를 지으시는 분의 소였다. 영화의 한 장면이 되살아나기 시작했다. 키우는 짐승이 주인을 닮는다는 말이 틀리지 않다는 것을 증명이라도 하듯 할아버지와 소는 닮은꼴이었다. 깡마른 소의 잔등을 바라보고 있노라니 절로 할아버지의 햇볕에 시커멓게 그을린 가느다란 발목에 눈이 갔다.

가끔 집을 나서거나 들어올 때 길가로 소와 함께 걷던 지게를 지고 가던 몸집 작은 할아버지와 마주치면 멈춰서 인사라도 건네고 싶은데 이상스레 너무도 깊은 침묵이 배어 있는지라 선뜻 그 침묵을 깰 수 없어 머뭇거리게 된다. 마치 산티아고 길을 걷는 순례자처럼 알 수 없는 경건함을 느끼는 것이다.

얼마 전 논에 벼를 다 거둔 날이었나? 잔 나뭇가지 한 짐을 지고 묵묵히 고개를 숙이고 천천히 한 걸음씩 떼는 할아버지를 보다가 나도 모르게 차를 돌려 할아버지의 뒷모습을 한 장 찍었다. 행여 셔터 소리가 그 침묵을 깰까 조바심을 내면서. 할아버지는 내가 이곳에서 본 유일하게 몸으로 손으로 농사를 짓는 분이다. 이른 봄부터 늦은 가을까지 기계가 아닌 손으로 모를 심고 벼를 거두는 모습은 앞으로 그리 오래 볼 수 있을 것 같지가 않다. 사라져가는 것에 대한 애틋함이 땡볕 하얀 빛에 소금처럼 널리는 순간이다.

겨울이 지나고 3월에 들어서면서 할아버지가 소를 끌고 논으로 내려가는 것을 다시 봤다. 오늘은 꼭 이야기를 나눠보리라 마음먹고 음료수 두 병을 사서 아래 논으로 내려가 논둑에 앉았다. "안녕하세요?" 할아버지가 날 보고 환하게 웃으신다. 내가 지레 걱정을 했구나. 그 웃음에 용기를 내어 이것저것 묻기 시작했다.

"이 소 나이가 어떻게 되나요?"

"서른 해는 넘었지, 아마. 새끼도 열 번은 더 가졌을 거구. 지금도 새끼를 가졌다우."

내가 보기엔 뼈가 앙상한 다 늙었다고 생각한 소가 암소였고, 더구나 새끼를 가진 지 한 달쯤 되었던 것이다.

"입에 망은 왜 씌웠어요?"

"풀 뜯어먹고 여물 안 먹을까 봐. 난 사료 안 줘. 사료 주면 병 하거든. 꼭 여물을 끓여 멕이지."

지난겨울 이곳에 구제역으로 소독이 시작될 때도 당신 소는 끄떡없었단다. 이유는 단 하나 사료를 먹이지 않았기 때문이라고. 그래서 그런지 소가 보기보다 건강하고 덕분에 올봄 새끼도 다시 가질 수 있었다는 말씀이다.

"지난가을에 소하고 벼걷이 하시는 거 봤어요. 다들 기계를 사용하는데."

"기계 쓰면 남는 게 없어. 이 소 덕분에 아들들 다 대학까지 공부시켰지. 서울에서 큰일들을 하고 있어요."

들어보니 남들이 다 부러워할 만한 직업을 가진 아들을 둔 할아버지의 든든한 맘이 절로 전해져왔다. 오늘은 쟁기질을 하신단다. 난 소가 끌고 할아버지가 미는 2인 1조의 환상적인 플레이를 논둑에 앉아 그림처럼 바라보았다. 쟁기가 지나갈 때마다 땅이 시커멓게 갈아엎어지는 것을 보면서 오랜만에 천천히, 몸으로 하는 일에 대한 경건함을 다시금 읽었다.

할아버지가 "이랴, 어어"라고 외칠 때마다 소는 말귀 잘 알아듣는 어린아이처럼 발길을 옮겼다. 그러다 소가 '쏴아' 하고 소나기 소리를 내면서 오줌을 싸는 순간 그만 할아버지랑 눈이 마주치면서 내 웃음보가 터지고 말았다. 시원하겠다.

나무나 사람이나 똑같아

연 밭을 만들면서 아래 논 어르신한테 배우는 일이 참 많았다. 처음엔 인상이 날카로워 저 어른한테 걸리면 뼈도 못 추리겠다, 싶을 정도로 겁을 먹었다. 내가 이런 마음이었다고 하면 아마도 엄청 소리 내 웃으실 게 뻔하다. 하여간 첨에는 그랬다. 아래 논 살피러 오는 경운기 소리만 들려도 혹 나한테 연 밭 문제로 언짢은 소리를 하시면 어쩌지, 싶었기 때문이다. 그런데 마주하면 할수록 "아, 그렇구나, 그래요" 하는 마음이 절로 들었다. 연 밭의 물이 당신 논과 어떻게 상관있는지, 물이 어떻게 들고 나는지에 대해 이해하고 문제가 얼추 해결되면서 어르신은 논 일 오실 때면 우리 집으로 올라와 연신 연 밭을 살펴보셨다. 연이 잘 자라나 살펴보시는 것이었다.

"보소. 연이 저렇게 올라올 때 물을 끊으면 안 돼요. 계속 받쳐줘야지, 물이 줄면 연이 힘이 없어 누렇게 주저앉고 마는 게요."

곁에 있는 앵두나무를 보면서 또 한 말씀 하셨다.

"보소. 사람이나 나무나 다 똑같소. 중심 가지가 제대로 서려면 옆의 곁가지를 제대로 쳐줘야 해요. 안 그러면 인정사정없이 서로 물 싸움을 벌여 둘 다 지쳐 죽는다니까. 잘라줄 건 과감히 잘라줘요."

중심 가지를 살려라. 요지는 바로 그거였다. 그래야 나무가 반듯하게 잘 자란다. 나뭇가지를 보면 뿌리가 얼마큼 뻗었는지 알 수 있단다. 가지랑 뿌리가 같단다. 갑자기 그 말이 가슴에 화살처럼 들어와 박혔다. 보이는 것들이 보이지 않는 것들을 읽게 해준다는 자연의 가르침이었다. 나무를 심을 때는 앞으로 자라면서 뿌리가 나갈 수 있도록 넓게 돋워줘야 한다. 그런데 내가 심은 나무는 영 비실비실했다. 너무 좁게 심었기 때문이다. 그리고 뿌리를 제대로 깊이를 두어 심었는지는 나무 아래 가지와 잎들을 보면 알 수 있다. 그런데 난 너무 얕게 심었다. 그렇게 되면 뿌리로 가야 할 것들이 땅 위로 다 올라와 나무 아래 둥지에 가지랑 잎이 수북하게 나는 것이다. 아, 그렇구나. 나무를 심으면서도 이렇게 심으면 되겠지 하는 요량으로 대충 심었는데 이치를 생각지 못한 결과가 확실하게 눈으로 보이기 시작했다. 이제는 "몰라서요" 라는 말이 더 이상 통하지 않는다고 스스로에게 다짐을 했다.

"어르신, 내년 초봄에는 가지 치는 것 좀 봐주시겠어요?"

어르신 입가에 작은 웃음이 지나갔다. 작년과 올해, 두 해에 걸쳐 연 밭과 관련해 난 큰 소리 하나 내지 않고 물 문제를 해결했고, 게다가 우리 집 나무들을 도와줄 지혜로운 분을 이웃으로 두게 되었다. 정말 이곳에 와서 제일 뿌듯한 일 중 하나다.

강아지라도 한 마리 키워라

모두들 한마디씩 한다. 한밤중에 차가 마당 안이 길인 줄 알고 들어오는 사건이 발생한 이후, 나는 개를 한 마리 키워야겠다고 마음먹었다. 마침 아는 분이 강아지 두 마리를 주시겠다고 해  서 풍산개랑 진돗개의 피가 한 방울씩 튄(?) 녀석들을 입양했다. 비록 한 방울이지만 흰눈이는 풍산개 피를, 꼬미는 진돗개 피를 이어받아 잘생긴 아이들이었다. 참고로 말하자면 난 개를 가까이하지 못하는 사람이다. 전에 아이 때문에 집 안에서 7년 가까이 수지라는 슈나우저를 키우면서도 어쩔 수 없는 일 아니고서는 개를 안아준 적이 없다. 개의 따뜻한 배가 손에 닿는 게 영 적응이 되지 않았기 때문이다. 개를 엄청 좋아하는 사람은 놀랄 일이겠지만 어쨌든 개에 대한 나의 관심은 밥 주고 가끔 잘 있나 들여다봐주는 정도로 스킨십은 완전 꽝이었다.

그런 나에게 시골에서 살자니 개가 있어야 하는 일이 생긴 것이다. 그 이후 살아 있는 짐승이 옆에 있으면 자유롭지 못하다는 말을 실감하는 나날이 계속되었다. 추우면 추워서 더우면 더워서, 집 비울 일이 몇 날이고 있을라 치면 밥 줄 일이 무엇보다 걱정이 되었다. 그렇다고 풀어놓고 알아서 밥 먹고 있으라고 할 수도 없고.

새끼였던 애들이 쑥쑥 자라니 몇 달 되지 않아 아가씨 티가 팍팍 났다. 둘 다 얼굴이 갸름해지면서 두 다리가 늘씬해지기 시작한 것이다. 그 무렵 뒷집에도 발바리 새끼가 우리 애들하고 비슷하게 커 가고 있었는데 그 녀석도 암캐였다. 그러던 어느 날 창밖을 내다보니 어떤 못생긴 조그만 녀석이 우리 애들 앞에서 알짱거리고 있었다. 처음엔 그저 '웬 개야?' 했다. 그런데 이 녀석이 계속 우리 집에 오는 것이었다. 그러다 문득 생각이 미쳤다. 이런 이런! 우리 애들 보러 온 수캐였던 것이다! 그 사실을 인지하자 문득 불안해졌다. 아무래도 안 되겠어. 그때부터 그 녀석이 나타나기만 하면 얼른 문을 열고 나가 작은 돌을 하나 주워 던지며 소리를 질렀다.

"가! 안 가!"

그러면 슬금슬금 눈치를 보고는 대문 밖으로 사라졌다. 조그만 녀석이 감히! 우리 애들 반도 안 되는 몸집에 생긴 것도 너무 초라해 보였다. 그때부터 내가 촉각을 세우기 시작했다. 어디선가 녀석이 나타나면 후다닥 뛰어나가 헉헉거리며 한동안 쫓아내는 일을 했다. 흰눈이는 그런 나를 아무렇지도 않게 쳐다봤다. 반대쪽 마주 보이는 곳에 있는 꼬미는 더 무심한 듯 '왜 저래?' 하는 표정으로 고개를 돌렸다. 나의 예민함이 거슬린다는 말?

"너희들, 정신 똑바로 차렷!"

애꿎은 애들한테 소리 한 번 지르고는 집 안으로 들어오곤 했다. 얼마가 지났을까? 동네 청년회장이 우리 집에 왔다가 이런 말을 툭 내뱉었다.

"새끼 가졌네."

"예?"

깜짝 놀라서 흰눈이를 쳐다봤다.

"어떻게 알아요?"

"보면 알지요. 새끼 가졌어요."

갑자기 분통이 터졌다. 설마, 그 알짱거리던 녀석이? 이런 말 한다고 나를 험하다 해도 할 수 없다. 드라마 속 딸 가진 어미 마음으로 순간 이동하는 것을 느꼈다. 딸애보다 못한 사윗감에 화병 난 엄마 역할을 보면서 늘 '이해는 하지만 뭘 그런 걸 가지고'라는 생각을 했는데 그게 아니었다. 우리 흰눈이가 얼마나 점잖고 얼마나 예쁜데. 더구나 풍산개 피도 한 방울 섞인 족보 있는 애를 감히 발바리가! 웃기지도 않게 화가 나서 흰눈이한테 엄청 눈을 흘겼다.

"너 정신이 있는 애야, 없는 애야? 너랑 어울리는 애를 사귀어야지 이게 뭐야?

가시내, 쯧쯧."

진짜 속상했다. 그래서 다 큰 조카한테 전화해서 그랬다.

"너 맘에 안 드는 남자 친구 데리고 오면 이모가 가만 안 둔다. 알았지?"

영문도 모르는 아이.

"알았어, 이모. 그런데 왜?"

이유를 듣더니 크크크 웃음소리가 번져 나왔다. "알았지?" 큰 소리 한 번 더 다짐으로 받아내고 전화를 끊었다.

가을날이었다. 흰눈이가 '가을 놀이마당'을 하는 날 사람들이 웅성거리는 곳 한가운데서 새끼 다섯 마리를 낳았다. 난 몰랐다. 흰눈이가 새끼를 낳고 있는 줄을. 누군가 "새끼 낳아요!" 하는 말에 들여다보니 흰눈이가 두 다리를 휘청 거리며 일어서서 집 밖으로 나오는데 그만 나도 모르게 눈물이 나왔다. 얼마 나 힘이 들면…. 개집 안을 보니 고물고물한 녀석 둘이 보였다. 무언가 먹여야 할 것 같아 전날 먹고 남은 미역국에 밥을 꾹꾹 말다가 딸이 있어 아이를 낳 으면 이런 마음이 아닐까 하는 생각이 들었다. 그리고 한 달 뒤 우리 흰눈이 랑 경쟁하듯 꼬미가 새끼를 낳았다. 그것도 다섯 마리나.

어느 날 뒷집 동생이 찾아왔다.

"언니네도 새끼 낳았나? 우리 갈순이도 낳았데이, 다섯 마리."

어미는 다 다른데 비슷비슷한 녀석들이 끼어 있었다. '이런 이런, 그 한 녀석이 우리 애들을 다, 나쁜 놈!' 하여간 새끼 열 마리와 어미 두 마리로 집 안이 터 질 듯 가득 찬 느낌이 들었다. 자고 나면 크고 자고 나면 활동 범위가 넓어지 는 애들이 벅찼다. "경사 났구먼." 동네 남자 어른들이 지나가며 하는 말이다.

복날 좋겠다는 뜻이라는 거 나중에 알고는 혼자 씩씩거렸다. "무슨 말씀을, 입맛 다시지 말라고요!"

어쨌든 겨울을 나면서 어미 두 마리는 다른 집에 보내고 새끼 아홉 마리를 어렵사리 분양했다. 정말 힘들었다. 어미들을 내보낼 때는 어쩌나 맘이 짠하던지. 지금은 꼬미가 낳은 새끼 중 한 마리만 곁에 두고 있다. 그런데 이 녀석 아무나 보고 꼬리를 흔들어 레오라는 이름이 무색해진다. 순하기만 한 녀석. 좀 짖어라 짖어.

아궁이 속의 고양이?

어디선가 고양이가 새끼 네 마리를 데리고 집 안으로 들어왔다. 여느 고양이가 그렇듯 어미가 어쩌나 간절하게 주방 앞에 앉아 배고프다고 야옹거리는지 밥을 몇 번 줬더니만 아예 숨겨놓은 새끼 네 마리를 다 끌고 들어온 것이다. 사람들이 그랬다.

"고양이 키워요?"

"아니, 키우는 게 아니라 알아서들 사네요."

그때부터 밥 주는 일이 장난이 아니라 일이 되고 말았다. 그런데 어느 저녁 무렵 괴성 아닌 괴성이 들렸다. 무슨 일이야? 놀라서 가보니 아궁이에 불을 피우겠다고 하던 지인이 소리를 지른 것이었다.

"나와, 빨리 나오라니까."

아궁이 안을 들여다보며 이런 말을 하고 있었다. 세상에, 아궁이 입구에 나무 가득 불이 붙고 있는데 고양이 새끼가 얼굴을 내밀고 야옹, 하고 있는 것이었다. 나무는 뜨겁지, 잡을 수는 없지, 새끼는 울고 있지. 한참 실랑이를 하고 있던 중, 녀석이 어찌어찌 나무를 헤치고 뛰어나왔다. 그러더니 연이어 세 마리가 탈출에 성공. "다 나왔구나." 네 마리가 놀랐는지 잽싸게 쌓아놓은 나무 뒤로 가 숨는다.

그런데 이건 또 뭐야? 어미는 어디 있는 거지? 밤새도록 찜찜했다. 설마! 다음 날도 그다음 날도 어미는 나타나지 않았고, 새끼들은 수염이 다 녹았고 그중 한 마리는 꼬리가 동그랗게 말려버리고 말았다. 그런데 나흘째 되던 날 어미가 나타났다. '살아 있었네.' 걱정이 안도로 바뀌면서 나도 모르게 소리를 냅다 질렀다.

"너 미쳤어?"

비둘기, 둥지를 틀다

봄이 되니 비둘기 한 쌍이 신혼집을 찾아 헤매다 소미재 앞 버드나무 위에 둥지를 틀기 시작했다. 알다시피 아무리 새들이라 해도 사람 소리가 덜 닿는 곳에 집을 지어야 하는 것이 예의 아닌가. 그런데 이놈들은 바로 사람이 왔다 갔다 하는, 나무 아래 서면 팔 하나 높이에 집을 지었다. 아침마다 수컷이 마당을 아장아장 걸어 다니며 짚이며 나뭇가지 등을 고르는 것이 눈에 띄었다. 나도 걷는 대로 눈길을 옮겼다. 내가 보기에는 충분할 것 같은 가지도 부리로 들었다 놓았다 하기를 수차례 반복했다. 무엇을 가늠하는 걸까? 무게? 길이?

하여간 보고 있자니 그 신중함에 놀라 감탄사를 연발했다.

아침나절 그렇게 수컷이 가져다주는 재료로 둥지를 만들던 암컷이 어느 날 유난히 쉿소리를 냈다. 무슨 일이지? 창밖을 내다보니 수컷이 휙, 하니 나뭇가지를 내려와 마당 저 끝으로 가 하던 일을 계속하고 있었다. 그런데 그게 다였다. 그 이후 며칠 동안 암컷은 와서 구구거리는데 수컷이 나타나지 않았다. 아무래도 둘이 싸운 것 같았다. 암컷이 수컷한테 부실한 재료를 가지고 온다고 타박을 한 것일까? 화가 난 수컷이 그럼 '네가 알아서 하라' 그러면서 가출? 아니면 더 좋은 재료를 찾아 멀리 출장을 간 것이거나. 어쨌든 아침마다 와서 구구거리던 녀석들이 한 녀석만 나타나 애타게 구구거리니 영 신경 쓰여서 살 수가 없었다. 그래서 창밖을 내다보며 점잖게 한마디 했다.

"그러게 있을 때 잘하지 그랬어? 잔소리도 적당히 해야지. 네가 심했다니까."

그렇다고 나가서 들어오지 않는 신랑도 그렇다. 잘 삐치는 성격인가? 며칠이 지났다. 자고 일어나 보니 마당을 다시 걷는 녀석이 보였다.

'왔군.'

그날 이후 소란스러운 소리는 들리지 않았다. 암컷도 찔끔 놀랐나 보다. 아주 오지 않을까 봐. 어쨌든 내 맘대로 생각한 비둘기 부부 시나리오는 여기에서 끝이다. 그나저나 아무래도 이 녀석들은 초보 엄마 아빠임에 틀림없다. 둥지가 형편없이 엉성해 보인다. 그래도 알을 낳고 새끼가 나오니 열심히 먹이를 물어다 먹이더니만 어느 날 둥지를 비우고 다 떠나갔다. 나한테 간다고 말 한마디 하지 않고.

설마 그 녀석은 아니겠지?

올해 있었던 일이다. 소미재 유리창에 금이 조금 간 것을 테이프로 붙여놓은 지 하루가 지난 날이었다. 마당을 가로질러 주방으로 들어오려는데 소미재 앞에 비둘기 한 마리가 앉아 있었다. 내가 오는 소리에도 움직일 생각이 없는 걸 보니 무슨 일인가 싶어 가까이 갔다. 전혀 움직이지 않고 눈만 껌벅거리고 있었다. "어디 아파?" 말이 없다. 순간 겁이 덜컥 났다. '아, 저러다 죽으면 어떻게 하지?' 늘 살아 있는 동물이 죽으면 외면하고 싶은 마음이 언제나 크게 다가오기 때문이다. 손으로 만지기도 그렇고, 삽으로 옮기기도 그렇고. 하여간 죽은 동물은 늘 내게 갈등의 시간을 가져다준다. 어쨌든 두고 보자. 주방으로 들어와 심란해하면서 커피 잔을 들고 앉아 문 쪽을 바라보는데 그 큰 문에 금이 가로로 쫙 가 있는 것이 보였다.

'뭐야? 유리창이 왜 이래?'

알았다. 금이 간 곳에 테이핑을 하면서 유리창을 너무 잘 닦아놓았다는 사실이 퍼뜩 생각이 났다. 비둘기 녀석이 그냥 날아와 부딪쳐 떨어진 것이었다. 거의 기절 상태였는데 이웃 사람들이 와서 보고 아무래도 날갯죽지가 부러진 것 같다고 말해주었다. 이웃에게 집 밖에 있는 소나무 위로 옮겨놓아달라고 부탁했다. 비둘기를 돌보는 일은 아직 내게 무리라고 생각했기 때문이다. '개도 못 만지는 데 새는 더구나…' 유리창에 얼룩진 비둘기 자국을 닦으면서 내내 곧 죽을지도 모르는데 집도 없는 불쌍한 것을 내쳤다는 불편한 마음을 지울 수 없었다.

'설마 너 그때 그 비둘기 새끼는 아니지?'

뱀 나온다

새가 나뭇가지에 둥지를 틀어서일까? 그 무렵 뱀이 나타났다. 나의 역사는 늘 이곳 소미재 창가에서 이루어진다. 턱 괴고 앉아 마당을 내다보는데 웃자란 잔디 위로 개구리가 튀어 오르는 게 보였다. 그런데 이상하게 높게 멀리 뛰네. 뭐가 급하다고. 그 생각이 미치자마자 풀이 사르륵 움직이는 것이 보였다. 어? 아니나 달라? 개구리는 튀어 오르고 뱀이 뒤따르고 있었다.

나도 모르게 벌떡 일어났다. 개구리는 약삭빠르게도 오던 길로 다시 점프하고 있었고, 뱀은 바로 몸을 꺾지 못해 소미재 앞 버드나무 아래로 계속 전진하고 있었다. 군복 같은 뱀이었다. 나는 곧바로 이런 생각이 떠올랐다. '어라, 비둘기 둥지가 있는데, 어쩌지?' 다행히 내가 허둥대는 동안 뱀은 다른 길로 허탕치고 돌아갔고 잠시나마 놀란 내 가슴은 마을 약방으로 내달렸다.

"명반 주세요."

집 주변에 명반을 뿌렸다. 그러다 으악! 본채 뒤로 돌다가 또 다른 뱀을 만난 것이다. 오늘 왜 이러지? 다리가 후들거렸다. 풀 깎아야 해, 풀을. 나중에 내 호들갑을 듣더니 후배가 이런 말을 했다.

"언니, 그래서 집 안에 새 둥지가 있으면 안 된대. 뱀이 둥지를 노리고 나타난다는군."

"그래? 그런가?"

한동안 의미도 없이 발꿈치를 살살 들고 다녔다는 전설 같은 뱀 이야기다.

왕눈이랑 아로미

아파트에 살 때는 개구리 보기가 쉽지 않았다. 그런데 여기는 온통 개구리 천지다. 잔디 여기저기서 폴짝폴짝 뛴다. 연 밭이 생기고 난 후에 해거름만 되면 개구리 울음소리가 장난이 아니다. 가끔 소나무 아래에 앉아 어둠에 어슴푸레 떠오르는 기와지붕을 바라보면서 개구리들의 오케스트라 연주를 듣곤 한다. 어쩜 제각각 내는 소리가 저리도 척척 호흡이 잘 맞는지. 순간 장난기가 발동하면 소리를 지르곤 한다.

"조용!"

그러면 거짓말같이 조용해진다. 그러다 한 녀석이 또 와글와글 소리를 내면 순식간에 다시 묘한 불협화음의 조화가 일어난다.

"목 안 아프냐?"

구애의 울음이라 한다. 소나무 아래 달콤한 캐머마일 꽃향기가 살짝 코끝에 스치고 개구리들의 구애는 밤이 새도록 이어진다.

마루에 나무 화병이 있는데 어느 날 보니 개구리 녀석이 마치 여기다 살림을 차린 듯 아예 제집처럼 들어왔다 나갔다 했다. 게다가 밤이면 유리창에 하얀 배를 드러내고 매달려 있곤 했다. 처음엔 아니 어째서 밤마다 유리창에 매달리시나, 라고 생각했다. 이유를 가만히 생각해보니 그건 불빛을 향해 달려드는 날파리들을 먹기 위한 생계 유지 활동이었다. 불빛 환한 창에 몰려드는 곤충들을 날름날름 잡아먹는 재미를 저녁이면 어김없이 창에 붙어 즐기는 것이다. '녀석들, 똑똑하군.'

개구리를 볼 때마다 가끔 우리 집에 아로미 같은 우렁각시는 안 사나 싶은 생각이 든다. 나 없을 때 맛있는 거 차려주고 마루 걸레질도 해주고 빨래해놓고 조용히 항아리 안으로 사라지는 우렁각시. 진짜 나타나면 풀 뽑아달라는 말은 하지 말아야겠다. 그건 각시가 하기엔 너무 힘들어. 그나저나 개구리에게 꼭 하고 싶은 말이 하나 있다.

"제발 고무신에는 숨지 마. 얼마나 놀랐는지 알아?"

아프긴 누가 아파, 솔개잖아

여름날 대청마루에 누우면 하늘이 그대로 들어와 내가 하늘인지 하늘이 나인지 알 수가 없다. 그런 사색적 우아함을 누리고 있는데 문득 하늘에 까만 물체가 하나 들어왔다. '새구나.'

그런데 새가 날지를 않고 한자리에 멈춰 서서 날개 짓만 하고 있는 것이 아닌가. 누웠다가 벌떡 일어나 앉았다. 주의 집중을 요하는 일이 벌어진 것이었다. 계속 푸득 푸득 날갯짓을 하는 걸 보면서 마음이 조마조마해졌다. 아무래도 날개에 이상이 생겼나 봐. 저러다 떨어질라. 새가 곤두박질칠 것 같아 잠시도 눈을 뗄 수가 없었다. 그런데 한참을 그러더니 다시 조금 날갯짓을 하며 날고 있다. 그리고는 또 그 자리에 서서 날개를 푸득거린다. 그러기를 서너 번. 자리를 옮겨 가면서 그러더니 내가 지칠 때가 되어서야 훌쩍 산을 넘어가버렸다.

'뭐야? 괜찮나? 새들은 날개를 다치면 거의 죽음이야. 안됐어.'

며칠이 지났다. 마루에 있던 친구가 날 소리쳐 부른다.

"이리 와봐!"

얼른 마루로 뛰어갔다. 가리키는 하늘을 보니 며칠 전에 본 그 아픈 새였다.

"어? 저 녀석 내가 며칠 전에 말한 아픈 놈인데." 여전히 멈춰 서서 날개를 푸득거리고 있었다.

"아프긴 누가 아파, 솔개잖아."

"누가? 쟤가?"

"지금 먹이 노리고 있나 봐."

"응?"

난 또 몰랐던 것이다. 그 저 녀석이 솔개라는 것도 몰랐고, 먹이를 노리느라 수영으로 치면 입영에 해당하는 날갯짓을 하고 있었다는 것도 몰랐고, 교과서에나 들어본 솔개가 내 앞에 떡하니 나타나 볼일을 보고 있을 줄은 전혀 몰랐던 것이다. 그것도 모르고 날개가 생명인 애가 날개를 다쳐 어쩌냐며 혼자 걱정이 늘어져서 여기저기 전화를 돌려댔다는 말이다. 아무래도 나에게는 동물 도감도 필요한 것 같다.

참새 알람

참새 소리 맞다. 해 뜨면 "꼬끼요~" 소리가 아니라 참새 소리가 요란해 잠이 깨곤 한다. 희한하기도 하지. 여름에는 5시쯤, 겨울에는 7시가 훨씬 넘어서야 짹짹거린다. 우리 집에 오는 사람 열이면 열 다 이런 이야기를 한다. 참새가 이렇게 많은 줄 몰랐다고. 나도 이렇게 많은 참새와 같이 살 줄은 몰랐다고 맞장구를 친다.

내가 보는 줄 모르는 성우당 지붕 위는 늘 참새들의 마당이다. 이리저리 몰려다니며 떠들다 처마 밑으로 쏘옥 들어갔다 나갔다 하는 걸 보면 처마 밑 참새 집이 여러 채인 것 같다. 집 망가진다고 망사를 쳐라, 연기를 올려라 하는데 실은 그럴 필요를 아직 느끼지 못해 하지 않고 있다. 집이 세월이 흐르며 낡고 동물에 의해 낡고 사람들에 의해 낡는 것을 어찌 막겠는가. 그냥 그것이 내 맘이고 내 생각이다. 사람도 집도 함께 늙어가는 것이지, 라고 생각하니 집을 모시고 살지 않겠다는 선전포고를 한 것 같아 마음이 느긋해졌다.

그렇지 않으면 내가 어디서 참새가 조그만 물웅덩이에서 목욕하는 것을 볼 것이며, 등잣에 앉아 그네 타는 것을 볼 것이며, 기와지붕 위에서 통통거리며 달음박질하는 것을 볼 것이며, 한겨울 마른 가지에 나뭇잎처럼 붙어 앉아 흔들리는 것을 볼 것인가.

올봄 최고의 손님, 백로

연 밭에 물이 들고 나서 새로운 손님이 하나 들기 시작했다. 백로다. 어찌나 반가운지. 하얀 새가 그 길쭉한 목과 다리를 뽐내며 연 밭을 우아하게 걷노라면 나도 모르게 숨을 죽이고 바라보게 된다. 작년에 넣어둔 미꾸라지를 먹는 것일까? 아님 개구리? 하여간 녀석이 연 밭에 내려앉아 있는 동안에 난 가급적 눈에 띄지 않게 가만히 있는다. 행여 혼자만의 느긋한 시간을 내가 날려버릴까 봐. 하긴 내가 녀석을 오래 두고 보고 싶어 그럴 수도 있겠다. 더러 친구라도 같이 오면 좋겠는데 그럴 맘은 아직 없는 것인지 계속 혼자 우리 집에 와 은밀한 시간을 누리다 간다. 백로가 날아드니, 그것도 연 밭에 날아드니 잠시 이름 모를 영화의 한 장면이 떠오른다.

스스로 충만해지는 삶

"어떻게 살래?"

사람들이 그렇게 물어왔다. 난 늘 사람들과 어울렸다. 혼자 있어본 적이 없어서 정작 혼자 있을 때도 혼자라고 생각해본 적이 없었다. 그런데 이곳에 와서부터는 모든 게 달라졌다. 오롯이 '혼자'의 시간을 청해서 가진 뒤로는 갑자기 모든 시간이 느려지기 시작한 것이다. 무엇을 해도 누가 눈여겨봐주는 사람이 곁에 없다는 것이 몹시 낯설어 울적해지곤 하는데 그나마 방심하면 마음이 저 멀리 도망가는 것에 대한 대책이 없을 듯한 두려움이 일었다. 언젠가, 아주 많이 가라앉아 있던 날 방에 앉아 눈물을 찔찔 짜면서 혼자 중얼중얼거리는 나를 발견했다. 순간 얼마나 놀랐던지. '어이! 엄윤진, 뭐 하고 있는 거야? 정신 차렷!'

그렇다고 툭하면 집을 비우고 식구들 있는 데로 날아갈 수도 없고, 불러들일 수도 없고. 음악을 틀었다. 흔들흔들, 흔들흔들, 비로소 정체된 에너지가 밖으로 흘러나오기 시작하더니 가벼워졌다. 오래전 날 보자마자 비구니 스님이 하신 말씀이 생각났다.

"하루에 20분씩 춤을 추세요."

그게 꼭 춤이라고는 생각지 않는다. 그저 몸을 움직여주는 시간을 가지라는 것으로 나름 해석했다. 마루를 이리 뛰고 저리 뛰고 하면서 흔들다 보면 내가 유독 많이 하는 동작이 있다. 목 운동과 어깨 운동과 팔 운동이 그것이다. 스스로 치유하고자 하는 우리 몸의 노력인 것이다. 늘 어깨가 굳어 다른 사람에게 한 소리씩 듣는 나는 어깨를 한껏 올렸다가 툭 떨어뜨리기를 자주 한다. 어깨에서 '툭'하며 뼈 소리가 날 때까지 올렸다 내렸다 하기를 일곱 번 한다. 뭐든 난 일곱 번에 맞춰 하기를 즐긴다. 행운의 숫자니까. 그런 뒤 오십견 예방 팔 체조를 한다. 어깨 돌리기, 팔 좌우로 돌리기 등을 하고 일명 참장이라 부르는, 두 팔로 항아리를 감싸 안은 듯한 포즈를 취하고 20분쯤 있다. 이 동작은 팔을 비롯한 몸 전체의 혈액순환뿐만 아니라 기의 흐름도 원활하게 한다. 실은 어깨가 아파서 태극권을 조금 배웠다. 지금은 바쁘다는 이유로 대구에 있는 도장에 나가는 걸 게을리 하고 있지만 처음엔 내 몸에 꼭 필요한 수련이라고 생각해서 열심히 마음을 냈다. 그때 배운 기초 몇 가지를 응용해 짬짬이 몸을 더 이상 방치하지 않으려 움직이고 있다.

혼자서 이렇게 춤도 아닌 체조도 아닌 운동도 아닌 것을 그날 몸 상태에 따라 이것저것 하다 보면 문득 일본 영화 〈안경〉이 생각난다. 영화 속 팥빙수 아줌마가 해변에서 아침마다 음악을 틀어놓고 메르시 체조를 하는데 체조 동작이 조금 웃음이 나는 모양새라 혹 내 모양새도 그런 거 아닌가 하는 생각이 들어서다.

아, 그래야겠다. 독서 캠프 할 때 아침마다 음악을 틀어놓고 아이들 체조를 시켜야겠다. '하나 둘, 하나 둘.' 아소재 흔들 체조. 좋은 생각이다. 어쨌든 몸도 마음도 평화롭지 않고는 아무것도 할 수 없으니 약간 위험신호를 느낄 때마다 알아채고 빠져나올 수 있는 제동장치를 만들어두어야 한다고 생각했다. 그중 하나가 바로 이렇게 몸을 흔들어주는 일이다.

가끔 몸 안에 독소가 가득 찬 느낌이 들 때가 있다. 이느 날 주위에서 '오일 가글'을 하면 좋다는 소리를 들었다. "그게 뭔데요?" 인도 고대 의학에 나오는 방법 중 하나로 몸 안의 독소를 배출해 몸의 균형을 잡는 것이란다. 방법은 말 그대로 오일로 입안을 가글하는 것이다. 처음엔 속이 좀 울렁거릴 것 같았는데 막상 해보니 당장 효과가 눈에 보여 보는 사람마다 오일 가글을 하라고 열심히 권했다. 오일은 가능한 냉압착유로 하라고 하지만 쉽게 구할 수 있는 올리브 오일로 해도 된다. 물론 질 좋은 올리브 오일로 하는 것이 좋고, 입안에 한 숟가락 정도 넣고 15분 이상 물고 있다가 뱉으면 된다. 그런 뒤 미지근한 물로 입안을 헹구고 양치질을 하면 되는데, 입안의 오일이 몸 안에 있는 독소를 끌어 올리는 역할을 한단다. 그러니 오일을 삼키면 안 된다. 15분쯤 지나면 오일이 뿌연 물처럼 변한 것을 볼 수 있는데 나는 이것을 하면서 당장 잇몸에 피가 나는 것이 멈추어서 놀랐다. 입안이 헐어 고통스러웠을 때도 이걸 하는 동안 전혀 아픈 것을 못 느끼고 나았으니 내가 생각해도 신기할 수밖에. 물론 만병통치는 아니나 이것으로 입 냄새가 사라지고 잇몸이 건강해지면 그 정도로도 훌륭하다고 본다.

언제부턴가 악기를 하나 다루었으면 하는 생각이 들었다. 음악적 재능이 별로 없는 내가 유일하게 하는 건 듣는 것인데, 그것 또한 이렇다 하게 내세울 만한 일도 아니고 모이면 음악으로 흥을 돋우는 자연스러운 분위기의 모임을 꿈꾸다 보니 악기 하나쯤 다루고 싶다는 생각이 들었다. 해금 소리에 반해 해금을 배워볼까 싶어 여기저기 알아봐도 배울 만한 곳이 만만치 않아 두리번거리다가 이웃 마을 고령문화원에서 가야금 체험 프로그램을 운영한다는 말을 듣게 되었다. 군청에서 50퍼센트 지원하는 가야금 만들기 체험은 우륵의 고장을 알리기 위한 노력의 하나로 많은 사람들이 가야금에 관심을 갖도록 하기 위해 기획된 프로그램이다. 문화원에 전화를 넣었더니 다음 해에 신청하란다. 결국 일 년 예약 대기 기간을 기다려 올여름 가야금 만들기에 들어갔다. 가야금을 만든다 하나 결국 장인이 다 준비해둔 재료로 만드는 과정을 지켜보는 게 우리의 일이었다. 하지만 오동나무로 만든 가야금을 품고 6주 만에 집으로 올 때는 내가 황진이라도 되는 양 엄청 자랑스러웠다. 비록 '나리 나리 개나리'만 뜯고 있을지언정 말이다. 가야금을 무릎에 올려놓고 줄을 몇 개 뜯어보니 갑자기 욕심이 인다. 스스로 생각해도 우스워 이참에 황병기의 '미궁'이나 들어야겠다며 CD 찾으러 일어서고 말았다.

"어떻게 살래?" 하고 물어오는 사람들 덕분에 내가 어떻게 살고 싶은지, 참 많이 생각하는 시간을 가질 수 있었다. 아마도 계속되는 사람들의 질문은 내 자신의 질문이 되어 끊임없이 생각하게 하고 행동하게 해주겠지. 어떻게 살래? 그래, 나는 사람들하고 여러 갈래로 어울리고, 동물과 나무들을 벗 삼아, 자연 속에서 놀이동산에 놀러 나온 것처럼 온몸을 흔들며 즐겁게 살 것이다.

한옥의 매력은 안과 밖이 통한다는 것. 성우당 가운데 방에 달린 쪽문은 아이들이 특히 좋아해
문짝이 성할 날이 없다.

'나를 살리는 집' 아소재의 한문, 한글 글자는 전각 작가 전정구의 작품이다.

먹는 것이 바뀌니 삶이 바뀐다

우리 집 밥상이 보약

언제부터인지 "우리 집에 놀러 와"라는 말을 "같이 밥 먹자"라고 표현하고 있다는 것을 알았다. 내가 그러니 듣는 이도 자연스럽게 그렇게 알아듣는 것 같다. 그러면서 아직은 후렴구처럼 말한다. "찬은 없지만…." 솔직히 이건 이제 극복했다. 신선한 채소 한 가지만 있어도 충분하다는 것을 알게 되었으니까.

어릴 적부터 우리는 엄마가 해주는 먹을거리에 길들어 있고 말만 하면 좋아라 하시며 뚝딱 요술 방망이 휘두르듯 음식을 해주는 엄마 밑에서 자랐다. 어른이 되서 생각해보니 그건 정말 행운이었다.

"엄마, 찐빵 먹고 싶어."

"엄마, 잡채 해줘."

"엄마…."

우리가 집에 있을 때면 계속 먹을 것을 내오는 엄마를 봐서인지 나도 누군가 오면 냉장고에 있는 거 없는 거 다 뒤져 내놓게 된다. 그다지 감칠맛 나는 먹을거리는 아니지만.

"이거 먹어볼래? 이것도?"

아마 사람들은 무엇인가 내놓는다는 행위를 굳이 사랑이라 이름 붙이지 않아도 사랑의 표현이라 알고 있을 것이다. 잘 먹고 나면 느긋한 행복을 느끼게 되는 게 사람이니까. 그래서 사람들이 오면 나름 성의껏 먹을 것을 찾게 된다. "무얼 먹을까?" 하면서.

한때는 겁이 났다. 사람들이 온다면 무엇을 어떻게 차려줘야 할지 고민스러웠다. 마땅한 찬이 없는데. 그러다 보니 자꾸만 특별할 것 없는 냉장고만 계속 열었다 닫았다 하는 꼴이 되었다. '아니다. 먹는 문제를 부담으로 받아들이면 안 되지. 바로바로 땅에서 얻을 수 있는 것을 먹자. 여기까지 와서 기름진 거 굳이 찾아 먹을 필요는 없잖아.'

그렇게 마음먹고 났더니 마음이 홀가분해졌다. 평소 나 먹던 대로 준비하니 나는 나대로 편하고 오는 사람들은 오는 사람들대로 가벼운 밥상을 기꺼이 즐거움으로 맞이할 수 있게 되었다. 얼마나 좋은지 모르겠다.

우리 집 밥상은 실로 간단하다. 작년 김장김치, 머위장아찌, 부추 겉절이, 된장찌개, 이 정도다. 큰 대접에 뜨거운 밥을 퍼 넣고, 부추에 된장찌개 두어 숟가락 넣은 후, 고추장을 양념 삼아 쓱쓱 비벼 먹는다. 이렇게 간단한 밥상을 다들 좋다고 하는 게 늘 놀랍다.

"된장찌개가 맛있어요. 된장 직접 담갔어요?"

그럴 수밖에. 햇살, 바람, 물, 다 좋은데 무엇인들 맛이 없겠는가? 자연이 제공한 선물인데 말이다. 나는 얼마나 운이 좋은 사람인가? 음식 솜씨가 아닌 자연의 솜씨를 살짝 빌려 오기만 하는 건데 맛있다고 해주니. 사람들은 용케도 알아차린다. 거칠어도 맛있고 건강한 밥상을.

손님들이 오면 주로 차리는 자연 밥상. 그때그때 주변에서 구할 수 있는 신선한 식재료를 이용한다.

몸을 살리는 잡곡밥 한 그릇 이야기

알고 보면 알짜 곡식, 율무

밥에 넣을 잡곡에 대해 잠깐 이야기하고 넘어가려 한다. 나는 잡곡 종류를 많이 섞어서 먹기보다 맛을 음미할 수 있도록 두세 가지 정도만 넣어서 먹는 걸 선호한다. 특히 입안에서 톡톡 터지는 느낌이 드는 곡식 알갱이를 좋아한다. 이건 어디까지나 나이 들면서 생긴 취향이다. 어릴 때는 왜 엄마가 흰쌀밥에 잡곡을 넣는지 정말 이해할 수 없었다. 그런데 지금은 맨밥을 먹는 게 더 이상하다. 나이가 들어서일까? 나이 때문이라기보다 몸이 알아서 먹어야 할 먹을거리를 찾는다는 느낌이 든다.

텃밭에 조금씩 관심이 가면서 장에 드나드는 목적이 달라진 것은 아마도 이곳에서 두 해를 보낸 다음 봄부터인 것 같다. 곡식 가게 앞을 지나칠 때마다 기웃기웃, 그러다 가끔씩 쪼그리고 앉아 들여다보며 곡식에 대해 묻는 내게 젊은 사장님은 바쁜 와중에도 짬짬이 친절하게 설명해주었다. 곡식을 보면서 묻는 건 늘 중국산과 우리 곡식의 비교가 첫 번째다. 그럼 젊은 사장님은 손바닥에 곡식을 얹고 보여준다. 얼핏 보면 정말 알 수 없는데 손에 올려놓고 보니 색깔이나 모양이 과연 다르다. 물론 난 선수가 아니니 그때그때마다 묻고 선택하지만. 그런 의미에서 믿음이 얼마나 중요한지 새삼 느끼게 된다. 우리 것에 대해 강박이라 할 정도로 애착을 보이는 사장님이 권하는 '우리 것'이니 어찌 신뢰를 갖지 않을 수 있겠는가. 가끔은 선식에도 관심을 보여 이것저것 먹으면 좋을 것들에 대해서도 한마디 하는 것을 거르지 않는다.

그중 하나가 율무다. 솔직히 난 율무라는 말이 그냥 율무차로 이해되는지라 그게 곡식으로 다가온 적이 별로 없었다. 어느 날, 뭘까바구니에 넣은 화전이상하는 일이 생겨 급하게 다른 것으로 대체해서 보내야 할 일이 생겼다. 장날 시장에 나가 곡식 가게 사장님에게 혹시 뻥튀기를 하면 좋을 만한 곡식 없냐고 물었다. 그때 그는 내게 율무를 권했다.

"뻥튀기를 해보세요. 아마 이렇게 맛있나 싶을 겁니다. 영양도 만점이고."

잠시 망설였다. 율무는 다른 잡곡에 비해 가격이 4~5배쯤 더한다. 게다가 뻥튀기는 옥수수 정도로만 하는 것으로 생각하고 있었는데 다른 잡곡으로 뻥튀기를 해도 괜찮을지, 잠시 망설여졌다. 그러자 사장님이 열심히 율무의 효능에 대해 말해주었다. 자기 어머니가 이 율무를 잡숫고 뱃살이 눈에 띌 정도로 쏘옥 빠지셨다나. 그 말에 얼른 내 배를 내려다봤다. 뭐, 깊이 생각할 것도 없군. "주세요." 집에 돌아와 율무에 대한 정보를 뒤져보니 꼭 먹어야 될 것 같은 느낌이 들었다.

다 내가 먼저 먹어야 할 곡식 아닌가 싶어 튀겨 온 율무를 열심히 집어 입에 넣었다. 하여간 율무는 위에 좋다니 이것 또한 나를 위한 것이지 싶어 한입 집어 먹고 기미, 주근깨 등 거친 피부 미용에 좋다니 '이것도 나한테 딱이야' 하면서 한입 털어 넣었다. 율무가 산후 조리나 심신 안정에 도움이 된다고는 하지만 임신부에게는 권하지 않는단다. 율무 속에 자궁을 수축시키는 성분이 들어 있기 때문이다. 그래서 임신부가 율무를 많이 먹으면 조기 출산이나 유산의 위험이 있다는데, 어쨌든 임신부가 아니라면 율무는 아주 몸에 좋은 잡곡임에 틀림없다. 게다가 두뇌 기능 향상에도 좋다고 한다. 이 말을 하니 절로 수험생 엄마들이 떠오른다. 변비 치료와 당뇨에도 확실한 효능을 보인다. 거친 곡물의 식이 섬유가 장운동을 원활하게 해 당뇨병을 예방할뿐더러 원활한 장운동은 피부 트러블의 원인인 변비를 없애주고 또한 비타민 B군이 풍부하니 원기 회복에 도움을 준다. 율무의 효능에 대해 뒤져보다 여러 가지 사실을 배웠다. 우리가 매일 받는 밥상에서, 그것도 한 공기의 밥을 이런 효능이 있는 잡곡으로 가득 채운다면 이것이 바로 몸이 원하는 건강 밥상이지 싶다.

변비에 좋은 우리 통밀

율무 이후 장날마다 참새가 방앗간 드나들듯 드나들면서 갈 때마다 잡곡을 하나씩 들고 오는 일이 생겼다. 늘 좋은 것들이 들어오는 게 아니라서 "이번엔 이거 한번 먹어보세요." 하며 내미는 잡곡을 보면 절로 손이 내밀어져서 말이다. 다음번 장에 갔을 때 나는 우리 통밀을 들고 왔다. 솔직히 통밀은 머릿속으로나 알고 있었지 실제로 본 적은 없어 통밀이라고 꼭 집어 보여주니 이게 통밀이구나, 하고 감탄하게 된다. 요즘 우리 통밀을 재배하는 곳이 그리 많지 않아 값을 좀 더 쳐주어야 하지만 우리 먹을거리라고 믿고 살 수만 있다면 그건 행운에 가깝다고 본다. 통밀은 하루 정도 물에 불려 밥을 안쳐야 하는데 미리 씻어 냉장고에 두고 한 움큼씩 넣어 먹으면 된다. 까칠까칠한 식감 때문에 오히려 씹는 행위를 의식적으로 더하게 만들고 풍부한 식이 섬유는 배변을 도와 변비 해소에 도움을 준다. 언젠가 변비가 심한 사람한테 통밀 좀 먹어보지, 했더니 자기는 어떤 것도 소용이 없다고 했다. 듣다 보니 이것 또한 예방이 우선이지 싶다. 불량한 몸 상태를 음식으로 제대로 돌려놓으려면 아무래도 시간이 걸릴 수밖에. 암튼 통밀은 우유와도 궁합이 잘 맞는지라 뻥튀기를 해서 우유에 타 먹으면 한 끼 식사 대용으로 충분하다.

콩보다 옥수수?

밥에 옥수수를 넣어 먹는다니, 처음에는 그 맛을 상상하기 어려웠다. 언젠가 아는 스님이 우리 집에 오셔서 길에서 산 옥수수는 사카린을 넣어 먹을 수가 없으니 알갱이를 다 따서 씻었다가 밥에 넣어 먹자고 하신 적이 있다. 그래서 먹기엔 거북하고 버리기에는 아까운 옥수수 알갱이를 다 땄다. 그리고 단맛을 빼기 위해 물에 여러 번 헹궈냈다. 그렇게 헹군 옥수수 알을 저녁 지을 때 넣었더니 의외로 맛이 있었다. 눈에 보기도 좋을 뿐만 아니라 입안에서 씹히는 맛도 그만이었다. 그 이후로 여름날 옥수수를 먹다가 딱딱해진 녀석들은 무조건 다 따서 비닐 팩에 포장해 냉동실에 넣어둔다. 그리곤 한 움큼씩 밥할 때 넣어 짓는다. 사람들이 밥을 먹을 때 즐거운 표정으로 "어? 옥수수네" 하는 말을 들으면 뭔지 모를 뿌듯한 느낌이 든다. 특히 겨울날 옥수수를 넣으면 여름날이 떠올라 한결 즐거운 기분이 들곤 한다. 나만 그런 걸까?

너무도 친숙한 옥수수가 비타민 B_1이 풍부해 식욕 부진으로 나른하고 무기력할 때 도움이 된다는 것을 확인하고 나서는 어쩐지 옥수수 알갱이에 입맛이 돌더라니, 할 수밖에 없었다. 또 옥수수 안에 든 비타민 E는 체력 증강을 돕고 신장병에 좋은 데다 항암 작용까지 한다니 내년에는 옥수수를 텃밭 가장자리에 심어볼까 하는 생각이 모락모락 일어난다.

색다른 밥맛을 원한다면, 땅콩

"밥할 때 땅콩을 넣어보세요."

곡식 가게에서 두어 번 권하는 바람에 땅콩을 밥에 넣어보았다. 하얀 땅콩 맛이 고소하다. 보통 땅콩은 먹다가 눅눅해지면 전자레인지에 돌려 먹기도 하지만, 밥할 때 넣어 먹으면 색다른 식감을 제공한다는 것을 알았다. 땅콩 좋은 줄이야 세상 사람 다 아는 것이지만 구체적으로는 혈액을 맑게 하고 심장을 건강하게 한단다. 치매 예방, 피부 관리에 도움이 되면서 다이어트에도 효과적이고, 콜레스테롤 수치를 낮추어주므로 동맥경화도 예방하며, 심장에 도움을 주어 협심증이나 심근 경색증에도 효과적이라고. 그 말을 열심히 듣고 있다 그랬다. "어떻게 그리 잘 알아요?" 그랬더니 씩 웃으며 하는 말.

"제가 좋은 걸 팔아야 하잖아요."

난 내가 먹어보지 않은 것들에 대해 참 인색하다는 생각이 들었다. 좋은 땅콩이 들어왔으니 먹어보라는 소리에 선뜻 손이 가지 않아 "다음에 먹어볼게요" 하고 왔다가 찬 바람 부는 가을이 되었을 때 왠지 사고 싶어 한 봉지 담아 왔다. '어? 맛있네.' 입안에서 씹히는 맛을 조금씩 알게 되는 것 같다. 그래서 다음 날 장에 가서 좀 더 사 와 동생들한테 조금씩 나눠 보냈다.

"밥에 넣어서 먹어봐. 그냥 먹지 말고."

보리밥, 이렇게 맛있는데…

보리밥 하면 생각나는 일이 있다. 공방 일을 하면서 부안 내소사에 열심히 드나들던 때다. 그날도 내소사 가는 중에 점심때가 되어 밥집을 찾던 중 길가에 있는 허름한 집을 하나 발견했다. 보리밥집. 유리창에 써놓은 것만 보고 들어갔더니 할머니 한 분이 부스스 일어나 묻지도 않고 밥상을 차리러 가셨다. 메뉴라곤 한 가지니 물어보고 할 것도 없지.

잠시 후 찌그러진 양은그릇에 보리밥을 한 김 올려 담아 오고 된장찌개에 뒤 곁에서 금방 따 온 고추 몇 개가 밥상에 올라온다. 그게 다였다. 시장기가 아 니었으면 '이게 뭐야' 했을 밥을 허겁지겁 비비는 걸 보시면서 할머니 하시는 말씀.

"아, 이렇게 맛있는 걸 왜 먹으러 안 오지?"

손님이 생각보다 적게 와서 하는 말인가. 실은 그때 할머니가 너무 귀여웠다. 밥상이 아무리 생각해도 손님을 위한 것이라고는 여겨지지 않아서였다. 속으 로 '이래서 안 오나 봐요' 했다. 그 이후로 보리밥을 먹을 때면 그 할머니가 생 각나 종종 나만 아는 소리를 한다. "아, 이렇게 맛있는 걸 왜 먹으러 안 오 지?" 그러면서 웃는다.

나도 보리쌀만으로 밥을 해본 적은 없다. 보리가 너무 거칠어 한번 쪄낸 뒤 밥 을 지어야 한다는 게 너무 번거롭게 느껴져서이다. 아무리 보리쌀이 콜레스테 롤 수치를 떨어뜨리고 칼슘과 풍부한 섬유질, 비타민 B군의 영향으로 탄력 있 는 피부를 만들며, 대장암, 변비에 효과가 있다 해도 말이다. 그래서 난 바로 씻어서 밥을 지을 수 있는 찹쌀 보리쌀을 이용한다. 보리밥에 쌈 한두 가지만 싸서 먹어도 저절로 건강해질 것 같은 이 에너지는 어디서 오는 건지 모르겠 다. 예전에 보리밥만 먹고도 건강했던 사람들을 잠시 떠올려본다.

나는 곡식들이 참으로 살갑게 느껴지곤 한다. 자루마다 담겨 있는 것들을 보 면서, 특히 가을날 햇곡식들을 보면 한가위 보름달 보듯 푸근해진다. 아마도 봄철 내내 여름 내내 녹아들었을 수많은 땀들이 담겨 있어서가 아닌가 싶다. 작은 병마다 곡식들을 담아 선반 위에 늘어놓는 것도 나의 즐거움이다. 요즘은 모두 한데 섞어놓기도 하지만. 지난가을에는 붉은 팥과 연둣빛 녹두, 노란 기장 그리고 불그스레한 수수를 조금씩 들였다. 홀홀 섞으니 밥에 넣는 것이 아니라 예쁜 구슬같이 여겨졌다. 내가 매일 이런 밥을 먹네요, 하고 광고하고 싶다.

뽀글뽀글 된장찌개다

"찌개 맛있네."

난 이 말을 다른 수식어가 필요 없다는 의미로 알아듣는다. 그저 재료가 지닌 본연의 맛일 뿐 내가 달리 덧대는 것이 없기 때문이다. 비법이라면 '찌개야, 맛있어져라, 맛있어져라' 하며 주문을 거는 정도?

큰일 났다. 이렇게 말하고 보니 사람들 어디 맛 좀 보자고 달려들 것 같다. 조금이라도 입맛에 맞지 않으면 혼쭐을 낼 것 같다. 그럼에도 내가 누구인가? 그런 것에 주눅 들 사람 아니지, 이러면서 다시 큰소리친다. "먹어봐. 내가 끓인 거야." 이쯤 되면 맛이 없다한들 어찌할 것인가. 맛없어도 먹어야지. 이렇게 자신하는 진짜 이유는 이것이 시골의 맛이기 때문이다. 조미료가 들어가지 않은, 재료 자체가 내는 자연 그대로의 맛. 내가 자신하는 것은 바로 재료에 대한 믿음이 있기 때문이다.

된장찌개에는 철마다 나는 것들을 넣으면 된다. 제철 음식 먹기가 바로 중요한 주제라 할 수 있다. 이른 봄에는 마당 한 귀퉁이에 난 달래나 냉이를 캐 와서 한 움큼 넣으면 다른 채소가 필요 없다. 올봄에는 냉이 된장찌개를 참 열심히도 끓여 먹었다. 아소재에서 먹는 것들은 어떤 의미로 보면 적을 만한 것이 못 된다는 생각이 든다. 그냥 가까이에 있으니까 식탁 위에 올린다는 게 바로 내 레시피의 핵심이다. 신선한 채소, 직접 담근 장류, 단순한 조리법이 내가 지향하는 음식 만들기다. 옆에 있는 재료로 사람들 수만큼 대략 양을 정해서 할 뿐이다.

그러니 양을 얼마나 잡아야 하고 얼마만큼 시간을 보내야 하는지 대부분 감으로 한다. 그것을 글로 표현하려니 잠시 머뭇거리게 된다. 이거, 이래도 되나? 그럼에도 도전해본다. 가끔 나도 누군가의 요리책을 뒤적이지 않던가. 그런데 재료에 대해서는 그다지 얽매이지 않는다. 그렇게 하면 주방에 서있는 시간이 일처럼 느껴지기 때문이다. 즐거움이 떠나면 음식이 맛이 없어진다. 그래서 전처럼 식탁에 올릴 반찬 가짓수에 미안해하지 않는다. 신선하게 준비한 메인이 하나만 있으면 되는 거다. 풋풋한 채소.

재료

천연 재료를 사용한 맛국물 2~3컵, 된장 2순가락, 두부 ½모, 냉이 한 움큼, 양파 약간

만드는 법

1. 작은 냄비에 물을 3분의 2쯤 붓고 국물용 멸치, 말린 표고, 다시마를 두어 장 넣고 맛국물을 만든다(나는 멸치와 다시마, 마른 표고를 비슷한 분량으로 준비해 가루를 낸 뒤 국물을 내기도 한다).

2. 맛국물에 된장 2~3순가락을 넣어 팔팔 끓이다 준비한 냉이, 양파, 두부를 넣고 한소끔 끓여 낸다. 달래나 냉이를 넣을 때는 재료 자체의 향을 즐기기 위해 마늘을 넣지 않는 것이 좋다. 나는 봄에는 달래나 냉이를, 여름에는 감자와 호박, 가을에는 버섯, 겨울에는 시래기를 이용해 된 장찌개를 끓인다.

* 누구는 양파를 넣으면 들쩍지근해서 싫다고 하는데, 찌개의 맛이 훨씬 깊어지는 느낌이라 개인 적으로 된장찌개에 양파를 꼭 넣는다. 그리고 고소한 두부는 부드럽게 씹히는 맛이 있어 가능한 한 빼놓지 않고 넣는다.

겉절이 좋아하세요?

내 식습관은 별로 좋지 않다. 위가 약한데도 빵과 커피를 놓지 못했고, 그렇다고 과일이나 채소를 열심히 찾아 먹는 것도 아니었다. 그나마 어릴 땐 엄마가 챙겨주고 아이를 키울 땐 아이 준다고 함께 건강식을 챙겼는데 아이가 다 큰 뒤에는 어느 순간 대충대충 배고프지 않을 정도로 먹는 것에 길들어 가는 나를 발견했다.

그러다 보니 늘 위염으로 적당히 아팠다가 적당히 회복되는 걸 반복하면서도 식습관을 바꿀 줄 몰랐다. 그런데 사람이 그렇다. 환경이 바뀌니 자연히 먹는 것도 바뀐 것이다.

늘 눈에 띄는 것들이 푸성귀다 보니 아무래도 재료가 친숙해져서 그런지 사람들에게 "저거 어떻게 해 먹으면 좋아요?" 하고 묻게 된다. 물론 조리법이라 해서 크게 다를 건 없고 주로 전과는 달리 집간장을 많이 사용한다는 것뿐이다. 내가 생각해도 너무 간단하다. 부추 외에도 이른 봄에 나오는 봄동, 돌미나리, 방풍나물, 취나물, 어린 열무도 이 양념간장에 겉절이를 무쳐 먹으면 찌뿌둥한 몸이 어쩐지 가벼워지는 느낌이 든다. 나는 양념을 좀 약하게 하는데 그 이유는 주로 밥에 겉절이와 된장찌개 한두 수저를 넣고 비벼 먹기 때문이다. 안 그러면 간이 너무 세질 수도 있다. 또 그래야 나물이나 채소 원래의 맛을 느낄 수 있다. 종종 간기 없는 나물들을 먹으면서 나물이 달다는 느낌을 받는데 참으로 놀라운 경험이다.

성주장에 가면 고운 할머니가 한 분 계신다. 늘 손수건 한 장만 한 깔개 위에 미나리를 소복하게 쌓아놓고 있는데 워낙 깔개가 작아서 두어 번 집어주고 나면 팔 것이 하나도 없을 만큼의 양이다. 당신 머리 빗어 넘긴 것만큼이나 정갈하게 미나리를 다듬어 가지고 나오시면서 미나리를 사는 나에게 그러신다.
"우리 집이 저긴데 사람들이 미나리 좋다고 집으로도 온다우."
여러 번 듣는 말이다. 할머니는 미나리에 대한 자부심이 대단하다. 당신 파실 만큼만 가지고 와서는 얼른 자리를 접고 가신다. 나는 이 미나리로는 다른 반찬을 해 먹지 않는다. 내가 좋아하는 소스를 만들어 살짝 뿌려 먹을 뿐이다. 가끔 이 미나리가 있는 날 오는 사람들은 운이 좋은 것이다. 이 소스의 비밀은 오미자 효소, 감식초에 있다. 생각만 해도 입에 침이 고인다. 이 소스로 부추나 돈나물을 살짝 버무려도 아주 맛있다.

우리 집 뒤에는 머위가 엄청나게 많이 자란다. 어찌나 잘 번지는지 그 속도를 보면 놀랄 정도다. 동네분들이 오가며 "머위 얼른 먹어요" 하는 바람에 머위를 챙겨 먹기로 작정한 날, 머위 잎을 뜯어 장아찌로 만들기로 했다. 간장 장아찌랑 초절임 장아찌 두 종류로 담갔는데 난 새콤달콤한 머위 잎이 훨씬 입맛을 돋우는 것 같다. 더구나 머위의 따뜻한 성분이 삼겹살을 먹을 때 돼지고기의 찬 성분을 중화해 궁합이 잘 맞는다는 생각이 든다.

그런데 초절임 장아찌를 할 때는 머위를 살짝 데친 뒤 하면 쓴맛을 한번 걸러 순해지는 것 같아 이 또한 내가 좋아하는 맛이다. 이른 봄부터 아기 손바닥만 한 크기로 시작해 연잎만큼이나 대롱도 잎도 굵어지는 머위 잎이 여름 늦게까지 뒤껻에서 언제든 대기하고 있다는 것은 참 행운이다. 언제라도 밥상에 오를 준비가 되어 있다는 것이 아닌가. 아무튼 살짝 데쳐서 된장 한 큰술에 집간장 몇 방울, 참기름 몇 방울 떨어뜨린 뒤 조물조물 무치면 그 쌉싸래한 맛에 심드렁하던 입맛이 확 돌아오는 것을 느낀다.

어느 날 친구가 와서는 "이거 머윗대잖아!" 하면서 머윗대에 욕심을 내기에 좀 베어 와 껍질을 까라고 했다. 한아름 안고 와서 껍질을 벗기는데 다 벗기고 나서 "자 삶아줘" 하는데 손끝이 새까맣다. 그런 자기 손을 내려다보면서 "뭐야? 어떻게 해!" 한다. 그런데 더 웃기는 사실은 머윗대를 삶아서 까면 그렇게 되지 않는다는 것을 몰랐다는 사실이다. 나중에 그 이야기를 해줬더니 친구 약이 올라 죽으려고 한다. "뭐야?"

그래, 나이만 먹으면 뭐 하냐는 말이 나올 만도 하게 생겼다. 도무지 아는 게 없으니 매번 배우는 게 일이다. 대부분은 나 몰라요, 하고 '똥배짱'을 부리는데 그것도 오래 내세울 일이 못 되지 싶다. 시골 생활이 벌써 3년을 넘어가고 있는데. 그래도 스스로 위로하는 건 아직 이렇게 모르는 것을 배워가는 것을 좋아한다는 사실이다. '괜찮아, 괜찮아, 난 아직 배울 수 있잖아.'

Tip 맛있는 겉절이를 위한 양념장 만들기

기본 양념장은 집간장 1큰술, 고춧가루 1큰술, 참기름 조금, 통깨 조금을 섞어 만든다. 마늘은 나물의 맛을 음미하기 위해 가능한 한 사용하지 않는다. 상큼한 양념장을 만들고 싶다면, 집간장 1큰술, 오미자 진액 2큰술, 감식초 2큰술, 고춧가루 1큰술을 넣고 섞는다.

간단하고 든든한 아침 식사를 위하여

우리 집에 온 손님들을 위해 보통 아침을 준비하는데 될 수 있으면 간단한 것으로 한다. 공개적으로는 죽 아니면 빵과 커피 정도라고 말은 해놓았지만 사람들의 상황에 따라 아침 밥상을 달리하기도 한다. 손님들이 간밤에 술을 많이 마셨다 싶으면 빵 대신 해장국을 선택하는 식이다. 어쨌든 아침은 대부분 내 마음대로(?) 준비한다. 내가 그 무렵 무엇에 관심을 갖고 있느냐에 따라 밥상이 달라지기도 한다. 한동안 우리 집에 말간 새우젓이 도착한 이후에는 한동안 새우젓죽을 열심히 끓여내기도 했다. 어느 임신부의 글에서 울렁거리던 속을 유일하게 가라앉힌 것이 새우젓이었다는 걸 읽고 나서 당장 부엌으로 나갔다. 나도 낮부터 주전부리로 속이 불편하던 차였다. 찹쌀만 있으면 되니 얼마나 간단한가? 또 얼마나 죽 맛은 담백한지 먹어봐야 안다. 그러고 보니 예전 어르신들 속 안 좋을 때 새우젓 잡쉈다는 이야기가 어렴풋 기억 났다. "옛사람 하는 말 그른 게 하나도 없다니까." 저절로 혼잣말이 나왔다. 나는 손쉽게 해서 자주 먹을 수 있는 걸 좋아한다. 좋아해야 맛이 나는 법. 아무 것도 넣은 것이 없어도 맛있을 수 있는 것은 내가 그 음식을 좋아하기 때문이다. 가장 간단하면서도 맛있는 죽, 새우젓죽은 그런 의미에서 합격이다.

새우젓죽 이상으로 좋아하는 죽이 또 있다. 버섯죽. 특히 표고버섯을 이용해 뭐든 하는 것을 좋아하는 나는 말린 표고를 물에 불려 쫑쫑 썬 후, 참기름에 불린 찹쌀하고 달달 볶다가 표고 불린 물을 넣어 끓여낸다. 여기에 조금 신경을 더 쓴다면 다시마도 좀 우려내면 좋고. 그러고 보니 내가 즐겨 쓰는 재료가 몇 가지 안 되는 것 같다. 다시마, 멸치, 표고버섯. 아직 몰라서도 그럴 테지만 너무 복잡한 조리법을 싫어해서일 것이다. 표고버섯의 쫀득한 맛이 굳이 쇠고기를 넣지 않아도 담백해서 이것 또한 아침 죽으로 끓여내길 즐긴다. 지난가을 일 년 먹을 버섯을 가을 햇살이 좋을 때 잔뜩 말려 준비해두었으니 겨울이 든든하다. 꼭 개미와 베짱이에 나오는 개미 같은 느낌이 든다. 좀 어설픈 개미.

가끔 시내에 나가 먹을 게 마땅찮을 때 죽집을 두리번거린다. 그러곤 늘 한 가지만 시킨다. 채소죽. 채소죽은 색깔이 예뻐서 먹는다. 당근과 시금치, 양파, 버섯 등이 어우러져 이유식을 연상시키지만 이때만큼은 어린아이처럼 순한 마음으로 먹게 된다. 내가 이를 좋아하는 더 큰 이유는 시골에는 신선하게 구할 수 있는 채소가 가득하기 때문이다. 그때그때 옆에 있는 것들을 재료 삼아 먹을 것을 만드는 것처럼 멋진 일이 어디 있는가? 이렇게 말하고보니 내가 '진정한 요리사'라고 말하는 것처럼 자부심이 넘치는 것 같다. 이 자부심은 내가 시골에서 사는 데서 오는 것이다. 점점 먹는 일이 자연스러워지는 게 신기할 뿐이다.

우리 집에서 가장 가깝고도 큰 도시가 한 시간 거리에 있는 대구다. 이곳에 온 지 얼마 되지 않아 대구에 사는 지인이 점심을 사주었는데 그게 찹쌀수제비였다. 아무 생각 없이 앉아 있는 내 앞에 놓인 것은 황태 섞인 미역국에 새알을 띄운 음식이었다.

"이게 수제비야?"

"여기선 이거 다들 좋아한데이. 묵어봐라."

한 숟가락을 떠서 먹으니 내 입맛에 맞는다. 특히 들깨가루가 고소하니 아무리 봐도 영양식이다. 엄마가 가끔 체력이 떨어지면 골을 메운다며 곰국을 끓여주곤 하셨는데 여기서는 원기 보충으로 이 찹쌀수제비를 끓여 먹는단다. 집에 와서 종종 그 맛이 생각나던 터 엄마가 들깨가루를 금방 빻아서 보내주시는 바람에 한동안 아침마다 약간 변질된 나만의 찹쌀수제비를 끓였다. 이건 찹쌀가루를 익반죽해서 아주 작은 새알만 준비되어 있으면 쉽게 할 수 있는 일품요리다. 미역국 끓이듯 불린 황태와 미역을 참기름에 달달 볶은 뒤 육수를 부어 끓이다 새알을 넣으면 된다. 마지막에 들깨가루를 넣어 한소끔 더 끓여내고 간은 집간장으로 살짝 하면 된다. 정말 든든한 아침이다. 가끔은 여기에 황태가 빠질 때도 있고 들깨가루가 떨어질 때도 있지만, 하여간 미역국에 새알을 띄워 먹는 것을 마다하지 않는다.

새우젓죽

재료

불린 찹쌀 1컵, 물 8컵, 새우젓 1큰술,
참기름 약간

만드는 법

1. 불린 찹쌀 1컵을 냄비에 앉힌 후
폭 퍼질 때까지 끓인다.
2. 끓는 죽에 새우젓 ½큰술을 넣어
휘익 저으면 새우가 익는다.
3. 그릇에 담고 ②위에 참기름 약간,
새우젓 남은 것을 얹는다.

채소죽

재료

불린 찹쌀 1컵, 다시마 우린 물 8컵,
감자·당근·양파·호박·참기름·깨소금 약간씩

만드는 법

1. 불린 찹쌀을 참기름에 달달 볶는다.
2. ①에 곱게 썰어놓은 채소를 넣고 볶는다.
3. 폭 퍼질 때까지 맛국물을 넣고 끓인다.
4. 그릇에 담은 후, 김 가루와 깨소금을
조금 뿌려 낸다. 집간장이나 소금은 따로
내어 각자 입맛에 맞게 간을 해서 먹는다.

표고죽

재료

불린 찹쌀 1컵, 다시마와 표고 우린 물 8컵,
불린 표고 썬 것 1컵, 참기름 약간

만드는 법

1. 불린 찹쌀과 표고버섯을 참기름에
달달 볶는다.
2. ①에 표고 우려낸 물을 붓고
폭 퍼질 때까지 끓인다.
3. ②를 그릇에 담은 후, 위에
김 가루를 솔솔 뿌려 낸다.
간은 소금이나 국간장으로 맞춘다.

찹쌀수제비(4인)

재료

찹쌀 새알심 20개, 물 10컵, 미역·황태·
참기름·국간장 약간씩, 들깨가루 3큰술

만드는 법

1. 불린 미역과 손질한 황태를 참기름에
달달 볶은 뒤 물을 부어 뽀얗게 끓인다.
2. ①에 찹쌀 새알심을 넣고 한소끔 끓으면
들깨가루를 넣는다.
3. 국간장으로 간을 맞춘다.

표고죽(위)과 팥톳수제비(아래)

아소재의 술친구, 부침개

저녁때 사람들이 오면 술 한잔 나누고 싶어 하는데 그때 거의 빼놓지 않고 준비하는 메뉴가 있다. 바로 부침개다. 재료는 늘 무궁무진하다. 그날 집에 있는 채소나 나물이 무엇이냐에 달렸다. 이 말은 무엇을 겉절이로 먹었냐는 소리기도 하다. 미나리가 있으면 미나리 겉절이를 하고 조금 남은 미나리를 밀가루에 섞어 전을 부친다. 쌈을 먹고 난 뒤 상추나 배춧잎, 깻잎 등이 남아 있으면 이것들을 모아 쫑쫑 썰어 넣기도 한다. 부침개 안에 넣는 재료는 정해진 것이 없다. 내가 재미있어하는 일이기도 하다. 임기응변이 가능하다는 게 신선해서 좋다. 늘 한 가지만 고수해야 한다면 얼마나 싫증 나는 일인가? 감자가 있으면 감자를 채 썰어 넣고, 호박이 있으면 호박을 썰어 넣다 보면 냉장고 속에서 한 주먹도 안 되는 양의 채소들이 비닐 속에 있다 짓물러버리는 일이 생기지 않는다.

내가 신선한 채소를 먹는 방법은 먹고 남은 건 빨리 전을 부쳐 먹는 것이다. 푸성귀만 먹으면 약간의 기름기가 필요한데 그때 이 부침개가 그것을 보충해 준다고 생각한다. 맛의 궁합이라고나 할까? 이렇게 기름을 둘러 노릇하게 구워내면 절로 막걸리 생각이 난다. 술을 못 먹는 사람도 이쯤 되면 한잔 걸치고 싶어지는 법. 저녁상에 갑자기 흥이 오르는 순간이다. 우리 밀 부침가루를 이용할 때도 있고 그냥 우리 밀가루를 쓰기도 하는데 이때는 생밀가루 냄새를 없애기 위해 참기름 두어 방울을 떨어뜨린다. 그리고 달걀노른자를 하나 넣기도 하는데 그래야 밀가루가 부드러워지기 때문이다.

별 생각 없이 하던 일에 사람들이 툭툭 던지는 자기만의 비결을 이야기 할 때 잘 들어두는 것도 여기 와서 배우는 일 중 하나이다.

재료

밀가루 1컵, 물 1½컵, 달걀 1개, 미나리·소금 약간씩, 참기름 2방울

만드는 법

1. 밀가루에 물을 넣고 잘 섞는다. 그 안에 달걀을 풀어 넣고, 참기름과 소금을 넣은 후
다시 잘 젓는다. 달걀은 넣으면 좋지만, 넣지 않아도 괜찮다.

2. ①에 미나리를 한 움큼 쑹덩쑹덩 잘라서 넣는다(미나리 말고도 다른 채소로 대체해도 된다.
이왕이면 제철 채소로).

3. 잘 달군 팬에 기름을 두르고 한 장씩 구워낸다. 참기름은 생밀가루 냄새를 없애준다.

아소재표 주안상. 제철 채소를 이용한 부침개와 채소만 있어도 흥이 난다.

된장, 간장, 고추장은 친정 엄마와 함께 담그는데,
고추장은 매년 원하는 사람들과 함께 모여 만들어 나눠 갖곤 한다.

지천에 깔린 게 다 먹을 것이로구나

"여기 먹을 게 천지네."

한 번씩 우리 집에 오는 사람들이 자기만이 알아보는 풀들을 보고 반가워할 때가 있다. 누구는 민들레, 그것도 하얀 꽃 민들레를 보면서 차를 했으면 좋겠다고 말하기도 하고, 누구는 김치를 담가야 한다고 말한다. 난 아직 민들레가 먹을 것으로는 보이지 않고 잔돌 틈 사이로 솟은 민들레 밭을 꿈꾸며 민들레를 고이고이 모셔두는 상상에 머물러 있다. 그래서 한번은 풀을 뽑으러 오신 할머니 두 분에게 신신당부를 했다.

"할머니, 민들레랑 제비꽃은 그냥 두고 볼 거예요."

할머니들이 풀을 뽑고 가시고 난 뒤 이웃 한 분이 지나가면서 이런 말을 던지셨다.

"에구, 풀 뽑아야겠구먼."

잔디를 살린다는 명목으로 또는 토끼풀을 없앤다는 명목으로 약을 치지 않았더니 잔디 사이사이에서 이름 모를 꽃들이 올라왔다. 그리고 여린 풀들이 제 차례를 기다렸다가는 일제히 합창하듯 일어섰다 언제 간 줄 모르게 다른 애들한테 자리를 내주고 떠나갔다. 시간이 가고 있다는 것은 지나갈 때보다 다른 애들이 이렇게 자리를 새롭게 차지할 때 눈치채게 된다. 제비꽃이 한동안 돌 틈 사이에서 보랏빛 흥얼거림을 하더니만 어느새 씨앗을 조르륵 매달고 있는 게 보였다.

"저게 뭔 줄 알아요?"

봄에 배수로 공사를 하러 오신 분이 "여긴 이게 많네" 하시면서 몇 뿌리를 캐내셨다.

"그게 뭔데요?"

"곰보배추요. 기관지에 좋지요."

"아하!"

언젠가 들은 기억이 있다. 인터넷으로 주문하는데 생각보다 값이 나가더라나. 하여간 알고 나니 마당가 여기저기 온통 곰보배추다. 우리 집은 약을 치지 않아서 그런가. 그러면서 또 한 번 약을 치지 않은 것은 게을러서가 아니라 이유가 있어서였다는 듯 나를 위로해보았다.

"어? 이거 질경이네."

"이게 질경이예요?"

"어릴 땐 뜯어서 나물 해 먹었는데."

그리고 보면 이른 봄 나는 것들은 거의 대부분 나물을 해 먹어도 된다는 결론에 이른다. 겨우내 언 땅에 있다가 나오는 파릇한 나물들은 그자체가 사람한테 이로운 먹을거리가 될 수밖에 없다는 것을 굳이 설명하지 않아도 몸으로 알겠다. 봄부터 내내 모습을 드러내는 질경이는 어지간히 밟혀도 죽지 않고 질기게 산다 해서 질경이라는 이름이 붙었다고 한다. "두렁에 있는 질경이들을 서로 묶고 도망가 뒤에 오는 애들이 걸려서 넘어지게 하는 장난을 어릴 때 많이 했는데." 언젠가 엄마가 뒷마당 지나는 길목에 자란 질경이를 양쪽으로 묶으며 그런 말씀을 해주신 기억이 난다. 그러고 보니 엄청 질기긴 질기다. 발에 걸려 넘어질 만큼.

이른 봄, 장에 갔더니 눈에 익은 나물이 보인다.

"이거 뭔데요?"

"원추리예요."

"이거 먹어요?"

"그럼, 당연히 먹지."

할머니가 웃으셨다. 우리 집에 소복하게 올라온 애들이 원추리였구나. 쌈 싸 먹을 때 같이 먹으면 맛있다는 할머니 말씀에 집에 있는 것은 차마 꽃 욕심에 뜯지 못하고 한 바구니 사 와서 열심히 된장에 찍어 먹었다. 이렇게 먹어도 되 는구나.

"정말 못 먹는 게 없어요."

"어? 이것도 우리 집 마당에서 본 건데."

장에서 보고 집에 와 확인해본 또 하나의 아이가 씀바귀다.

"어떻게 먹어요?"

할머니 한 분이 씀바귀 김치를 담가 먹으라 하셨다. 소금물에 살짝 절였다가 마늘 조금, 생강 한 쪽, 고춧가루, 설탕 조금 넣어서 버무렸다 먹으면 된단다. 할머니들 말씀을 들으면 레시피가 필요 없다. 그냥 다 내 깜냥으로 하면 된 다. 뭐든 내가 넣고 싶은 만큼. 어떻게 해 먹지? 하면서 인터넷 뒤지는 일을 이 제는 별로 하지 않는다. 그냥 머릿속으로 몇 가지 분류한 양념을 생각하고 내 입맛에 맞게 조금 더 넣을까 말까를 결정하는 것이 전부이다. 요리가 의외로 실험적이라는 게 재미있다. 그래 놓고 "이 맛은 어때?"라고 물었을 때, "맛있는 데!"라는 대답이 돌아오면 성공!

그런데 보통 음식이 맛있다고 느끼는 순간은 내가 아니라 남이 해주었을 때 라는 사실도 무시할 수는 없다. 작년 가을이었다. 튤립 뿌리를 사면서 이른 봄에 볼만한 꽃이 뭐가 있을까 생각해보았더니 유채꽃이 생각났다. 살펴보니 가을날 파종을 한다고 되어 있었다. 그래서 씨를 사서 뒤꼍에 휘익 뿌렸다. 금방 싹이 났다. 봄에 나지 않고 왜 지금 나나? 혼자서 이리 저리 하트처럼 나는 싹이 예뻐서 한참을 들여다보다 너무 소복하게 올라오는 애들을 솎아주기 시작했다. 솎은 걸 버리기 아까워 깨끗하게 씻어 밥에 비벼 먹으니 달착지근한 맛이 났다. 그 바람에 또 발동이 걸렸다. 그렇게 한 달 남짓 올라오는 유채 싹을 새싹 비빔밥 해 먹듯 뽑아서 열심히 오미자 소스를 만들어 비벼 먹었다. 단지 뿌리에 흙이 많아 씻을 때 손이 많이 간다는 게 흠이다. 하지만 늦가을 내내 먹을 만하다며 신나 했다.

그 무렵 동네 어르신이 지나가다 그러셨다.

"새댁, 이리 좀 와봐. 우리 집에 무청 있는데 좀 나눠줄까?"

가봤더니 마당 안에 너무도 싱싱한 무청들이 쌓여 있었다. 푸른 기운이 어찌나 좋던지 갑자기 신바람이 나서는 얼른 수레를 끌고 와 잔뜩 실었다. 그러곤 집에 와 엮기 시작했다. 엮은 걸 처마 아래에 걸어놓으니 나도 모르게 겨울 준비를 다 끝낸 부자가 된 기분이 들었다. 올해는 멀리 사는 후배가 농사를 지었다며 무 한 자루를 놓고 갔다. "신문지에 돌돌 싸두었다가 겨우내 먹어요. 어찌나 단지 몰라." 무 한입 베어 물고는 채 썰어 당장 무치기 시작했다.

올봄인가. 집 아래 논둑에 있던 사람들이 조금씩 올라오더니 급기야는 우리 집 연 밭 둔덕까지 올라와 무얼 캐는 게 보였다. 가까이 가서 "무얼 하세요?" 했더니 그때서야 여기가 개인 공간이라고 사태를 파악한 듯 "아, 달래가 많아서요." 그러고 봤더니 파 한 단 정도 분량은 족히 넘을 만큼의 달래가 손톱만

한 뿌리를 뽀얗게 달고 있는 게 보였다. 아래 논둑에서부터 달래를 따라 캐다 보면 절로 우리 집 안으로 들어오게 된다는 것을 그제야 알았다. 그러는 바람에 전에는 보이지 않던 게 비로소 마당 여기저기 깔려 있다는 것을 눈치 챈 것이다. 맘만 먹으면 며칠 밥상에 올릴 게 나오니 문득 욕심이 생겼다. 나도 캐야지. 그런데 조심하지 않으면 하얀 공 같은 뿌리가 떨어진다. 달래의 생명은 뿌린데. 알아야 보이는 법. 그랬더니 그 이후로는 길을 가면서도 논둑에 달래가 난 것을 볼 수 있는 눈을 갖게 되었다. 달래 캐는 날 무쳐도 먹고 찌개에도 넣어 먹고 그러고도 남은 달래는 쫑쫑 썰어서 양념장 만들어 봄날 한동안 밥에 잘 비벼 먹었다.

나는 냉이를 좋아하지만 아직 냉이랑 냉이 비슷한 풀들을 잘 구별하지 못한다. 누군가 옆에서 같이 캐주는 사람에게 "이거 맞아?" 하고 확인해야 된다. 물론 냄새를 맡으면 되나 그것도 캔 다음의 일이라 늘 냉이꽃이 피고 나서야 "뭐야, 냉이가 이렇게 많았어?" 한다. 아무래도 매번 뒤통수만 치는 것 같아 한번은 마음을 다잡고 마당을 훑었다.

그러다 에구, 하면서 장에 가서 한 바구니 사오고 말았다. 나물을 캐는 일은 즐거운 일이기도 하지만 일로 생각하면 여간 고된 일이 아니다. 그래서 그냥 마당에서 눈에 띌 때만 조금 캐기로 하고 할머니들 바구니를 감사히 사기로 했다.

그래도 쑥만은 양보를 못하겠다 싶은 게 어쩌나 생생하게 이른 봄부터 땅을 뚫고 올라오는지. 쑥을 캐기 위한 작은 무쇠 칼을 준비한 것도 그 이유다. 뭔가 대접하는 마음 그런 거 말이다. 쑥은 내게 봄이다. 엄마가 해마다 집 주변

쑥을 캐서 나한테 쑥 버무리를 해 줘야 봄을 지난 것 같다는 이유로 이제는 쑥을 내가 캐서 사람들한테 봄을 나눠줘야 할 것 같다.

이곳에서는 일 년 내내 쑥을 곁에 두고 있으니 귀한 줄 모르고 지나지만 이른 봄철 잘 갈무리해두면 필요할 때 요긴하게 쓸 수 있다. 난 냉동고에 아직도 삶은 쑥이 한 덩어리 남아 있다. 이제 다시 엄마한테 의존하는 먹을거리 준비에서 또 한 가지, 쑥을 독립시킨다.

(왼쪽 위부터 시계 방향으로) 개망초 여린 잎, 질경이, 곰보배추, 머위꽃

저장 식품이 효자야

시골에 와서 놓치지 않는 일이 장아찌 담그는 일이다. 시골에서 나는 것들은 뭐든 저장식품으로 만들 수 있다. 밭에서 나는 것들을 보고 있으면 먹고 남는다고 썩혀버릴 수가 없다. 내가 직접 농사짓지 않아도 어떻게 어떤 식으로 내 손에 들어오는지 너무나 잘 알기 때문이다. 그래서 먹을 만큼만 남겨두고 이웃이랑 나눠 먹고, 그러고도 남는 것들은 대부분 장아찌를 만든다. 그런 의미에서 양배추, 양파, 당근, 오이 등을 함께 썰어서 뜨거운 초물을 만들어 부어 만드는 초절임 장아찌를 만들어 먹는 것을 즐긴다. 밭에서 양파가 많이 날 때 양파 한 망을 샀다. 아기 주먹만한 것으로 어찌나 단단한지 장아찌 만들기에 딱 좋은 녀석들이었다. 세상에 1000원짜리 두 장으로 이렇게 많은 양파 장아찌를 만들다니. 마치 길에서 횡재한 기분이 들었다.

누군가 전화로 물어왔다. "이렇게 묻는 게 실례인 줄은 알지만, 생활비가 얼마쯤 드나요?" 내 나이 가까이 된 사람으로 시골에 와서 살면 어떨까 싶어 물어보는 말이었다. 물론 씀씀이에 따라 천차만별이긴 하지만 정말로 식비는 들지 않는다. 문화생활을 즐기겠다고 도시로 자주 나가지만 않는다면 아마 자신이 생각한 비용보다 훨씬 덜 든다는 것은 한 달만 살아보면 알 일이다. 모르겠다. 남 하듯 사는 게 어떤 것인지 몰라도 간소하게 시골에서 살겠다고 마음먹으면 아주 적은 돈으로도 충분하지 싶은데 대놓고 장담은 하지 않으련다. 나야 장에 가서 가끔 돈을 쓰는 게 아니라 돈을 벌어 오는 것 같은 느낌이 들어 이런 이야기를 하는 거니까.

시골에서는 무엇을 알아서 하는 게 아니라 저절로 눈에 보여서 철철이 준비를 하게 되는 게 있는데 그중에 가장 중요한 것이 먹을거리를 챙기는 일인 것 같다. 마늘이 나오면 마늘 사고 고추 나오면 고추 사들이고 해서 일 년 먹을 양식을 준비하는 일은 도시에서 필요할 때마다 쪼르륵 슈퍼에 나가서 사 오는 것과는 차원이 다른 생활이다. 좀 번거롭고 귀찮을 것 같은 이런 일들이 사람 사는 일이라 생각하면 내가 오랜만에 계절 변화에 맞게 먹을거리를 챙기며 자연스럽게 살아간다는 느낌을 갖게 된다. 내게 있어 생활비가 덜 든다는 것은 이런 것들을 그때그때 챙겨가며 사는 것을 의미하는지도 모른다. 이게 내가 터득해가는 시골살이의 첫걸음이다.

Tip 시골에서 돈 안 쓰고 사는 방법

1. 빚을 내서 일을 도모하지 마라.
2. 돈이 없다면 몸과 시간을 써라.
3. 먹을 것은 가능하면 자급자족하라. 시골에서 살면 식비가 가장 적게 든다. 채소 모종 몇 개만 심어도 일 년 내내 먹을 것이 나온다.
4. 일 년 먹을거리를 준비해놓는다. 절기에 맞게 장을 담그고, 김장을 하고, 봄부터 가을까지 나오는 나물과, 채소, 과일 등을 이용해 효소, 장아찌, 잼, 말린 나물을 그때그때 만들어두면 반찬 걱정을 거의 하지 않아도 된다. 또 마늘, 고추, 곡식도 때에 맞게 잊지 말고 구입해 일 년 기본 양식을 준비해둔다.
5. 양보할 수 없는 비용 지출(문화생활, 여행, 모임 등)에 대한 일 년 계획을 세운다.
6. 생활비 계획을 할 때, 일 년 중 가장 지출이 많은 겨울 난방비를 염두에 두라.
7. 나는 기본적인 생활비(식비, 공과금, 난방비, 문화생활비 포함. 여름 기준)로 100만 원 내외의 금액을 지출한다.

제철 먹을거리를 아낌없이 먹는다는 것이 사람을 얼마나 변하게 만드는지 새삼 아들 녀석을 보고 확인하는 요즘이다. 그동안 학교 다닌다, 군대 다녀온다 하면서 떨어져 지내던 아들이 한동안 이곳에 머물면서 아침저녁 내가 해주는 밥을 먹더니 급기야 한마디 던진다.

"내가 겉절이를 한 접시 다 먹다니. 몸의 독소가 마구 빠져나가는 것 같아."

그 누가 해주는 말보다 기쁜 말이었다. 그동안 이 녀석의 식습관이 그리 바람직하지 않았기 때문이다. 집 밥을 못 먹으면 어쩔 수 없이 인스턴트 음식을 자주 먹게 되고, 외식도 피할 수 없지 않은가. 그렇다고 채소를 일부러 찾아 먹는 애도 아니고 과일 또한 한두 가지 말고는 입에도 안 댔는데, 그런 애가 여기 와서 자기가 지금까지 먹어온 것들과 전혀 다른 맛을 시골 밥상에서 찾아냈고, 무엇이 다른지 분명히 몸과 마음으로 느끼고 있는 것이다.

"엄마, 자꾸 생각이 변하네. 전에는 무엇으로 성공할까? 하면서 조바심이 많이 났는데 지금은 왠지 느긋해. 내가 나한테 아주 좋은 일을 하고 있는 것 같아."

아이가 비로소 자연에 가까워져가고 있다는 느낌이 들어 나도 모르게 웃음이 나왔다. 그렇다. 사람은 땅에 가까워야 한다. 땅에서 나는 것들을 별다른 손을 거치지 않고 먹는 것만으로도 몸이 바뀌고 몸이 바뀌니 생각도 바뀌고 생각이 바뀌니 삶을 여유롭게 바라보게 되었다. 정말이지 우리 모두에게 행복한 변화다.

길 건너 과수원에서 딴 사과로 잼을 만들어 10월 '뭘까바구니'에 넣었다. 직접 만든 뜨개 소품과
예쁜 천을 직접 골라 만든 버튼도 심사숙고해 고른 선물 아이템.

아소재에는 집 안 곳곳에 언제든지 읽을 수 있는 책이 있다. 아소재에 오면 아이나 어른이나 자연스럽게 책을 읽게 된다.

삶의 속도를 늦추니 행복해진다

이젠 별걸 다 자급자족

첫해에 이곳에 와서 제일 불편했던 게 미장원 가는 것이었다. 별로 미장원 신세를 자주 지는 머리는 아니지만 전보다 햇볕과 바람에 훨씬 많이 노출되다 보니 반 곱슬인 머리는 숱도 없으면서 부스스한 사자 머리가 되기 일쑤였다. 이따금 머리 손질을 받고 싶은데 만만한 미장원이 눈에 띄지 않았다. 생각보다 미장원을 까다롭게 고르게 된 것이다. 어쨌든 장날 볼일 보러 간 김에 두어 번 읍내에 있는 미장원에 들어간 적이 있다. 문을 열자 할머니 서너 분이 머리에 '뼈다귀'를 말고 계신 게 보였다. 그러려니 했다. 주인이 거울 앞에 앉은 나한테 물었다.

"뭐 하시게요?"

"예, 그냥 다듬을게요. 그리고 파마 좀."

중요한 것은 그다음부터는 별 말 없이 할머니들과 똑같이 앉아 스타일이고 뭐고 없이 다 같이 돌돌 '뼈다귀'를 감고 앉게 되었다는 점이다. 미장원 주인도 나도 그다지 거기에 이의를 제기하지 않았다. 단, 현금만 받는다는 말만 들었다. 그럴 만하다. 가격이 아주 저렴했다. 그래서 할 수 없이 옆에 있는 농협에 다녀왔다. 값은 싸서 좋은데 그래도 아직 적응이 안 되는 '뽀글이 파마'에(할머니들은 늘 "꽝꽝 말아!" 하신단다) 머릿결도 점점 거칠어지는 듯싶어 "머리 마사지받을 수 있어요?" 했더니 주인 왈. "뭐. 별로 도움이 되지 않을 걸요." 아마도 내가 시골에 정착한 걸 완전 눈치챘구나 싶다. 마치 "그런데 너무 신경 쓰지 마세요. 어차피 이곳에 살면 신경 쓰나 마나랍니다" 이렇게 들렸다.

그 뒤로 나는 인터넷 검색에 들어갔다. 일단 날 위한 샴푸를 만들어야겠다고 생각했다. '머릿결은 고사하고 적어도 두피에 해가 되는 샴푸는 쓰지 않을래.'

그렇게 검색하다 청도까지 가서 천연 한방 샴푸 만드는 법을 배우게 되었다. 가서 보니 천연 화장품도 배워보고 싶은 맘이 들어 듣는 강좌를 조금 더 늘렸다. 그렇게 해서 한동안 청도를 드나들었다. 그 이후로 난 샴푸와 비누, 기초 화장품 정도는 만들어서 혼자 쓰기도 하고 나눠 쓰기도 하게 되었다. 처음엔 신나서 이 재료 저 재료 다 사서 넣고 발라보고 하다 결국 몇 가지로 압축해 나한테 잘 맞는 오일을 찾아냈다. 아마도 클렌징 오일과 스킨, 로션과 핸드크림, 립밤은 만들기도 쉽지만 내용물의 신선도와 충성도 때문에 나한테 잘 맞는 것 같다. 그리고 여름이면 모기 노! 스프레이와 천연 '버물리' 연고를 만들고 여드름과 아토피 둘 다 효과가 있는 쪽 비누, 그리고 한방 샴푸가 나의 주 사용 품목이다.

세면실에 비치해두면 사람들이 한 번씩 써보고 그런다.

"저, 그거 직접 만드셨어요?"

그럼 자랑스럽게 말한다.

"예."

어차피 이 정도는 평생 쓰는 거 아닌가? 그런 의미에서 천연 재료로 만든 덜 화학적인 화장품을 쓰고 샴푸를 쓰는 게 나한테도 자연을 즐기러 오는 사람들한테도 유익하고 유쾌한 일이 되지 않을까? 실은 배워도 써먹지 않으면 소용이 없다. 한번 보고 하기에는 내가 좀 우둔한 데가 있어 집에 와서 당장 용기를 주문해 실험실 못지않은 장면을 연출했다.

그 당시 샴푸에 대한 나의 열정은 엄청났다. 홈쇼핑에서 한방 샴푸 광고를 할 때 약재들을 뽀글뽀글 끓이는 장면을 유심히 봐둔 터. 제일 먼저 우리 한약재를 구했다. 다행히 친구 남편이 한약재와 관련된 일을 하고 있어서 전화를 넣어 계피만 빼고는 우리 것으로 다 구할 수 있었다. 계피는 모두 중국산으로 지금은 우리 것이 없단다. 할 수 없지. 그리고 허브 몇 가지 더 넣어 우려내니 세상에, 이런 보신 한약이 따로 없다. 하는 내내 어찌나 만족스럽던지. 들어간 약재를 보면 계피, 천궁, 당귀, 하수오, 칡(갈근), 감초, 연자육, 흑임자, 인진쑥, 뽕잎, 쪽잎에 허브로는 로즈메리, 페퍼민트, 로즈 제라늄을 넣었다.

샴푸를 왜 쓸까? 그 생각을 해봤다. 머리카락의 더러움을 제거하고 두피를 건강하게 유지해서 머리카락이 덜 빠지고 흰머리가 덜 났으면 좋겠다. 거기다 머리카락에 윤기까지 나면 좋겠다. 모두들 그렇게 생각하지 않을까. 그러자면 일단 두피의 혈액순환이 중요하다는 것을 알았다.

계피랑 천궁은 혈액순환을 촉진해서 머리가 빠지는 것을 방지하는 역할을 한다. 당귀는 빈혈 치료에도 좋지만 어혈을 푸는 작용을 하니 이 또한 원활한 혈액순환을 돕는다. 뽕잎은 혈관을 튼튼하게 하고 피를 맑게 한다. 갈근은 해열, 즉 머리의 열을 식히고 해기에 도움을 준다. 연자육은 심장을 보해 정신을 편안하게 하는 힘이 있고 신장을 돕는 역할을 한다. 그리고 흑임자와 하수오는 머리가 검어지게 하며 쑥은 항염 작용을 하고 머리카락의 건강을 돕는다. 쪽잎도 수렴 작용과 항균 작용을 한다. 감초는 이 모든 약재들이 갖고 있는 독성을 감소시키고 완화하는 역할을 함과 동시에 항염, 소염 작용을 한다. 허브는 두피 건강을 돕고 비듬을 제거하는 역할을 한다. 재료에 대한 공부를 쭉 하다 보니 절로 머리가 건강해지는 느낌이 들어 더 신이 났다. 다 우려낸 한약재 물에 샴푸 페이스트(오일과 가성칼리로 만든 샴푸의 기본 원료)를 비율에 맞게 넣어 녹여내는데 과연 PH가 중성일까 의문이 들었는데 딱 떨어지는 것이었다. 정말 다행인 것이 PH 맞추기가 어렵다고들 해서였다. 아마도 그건 EM 효소 덕분인 것 같다. 아주 조금 넣는데 그 작용이 샴푸의 알칼리성을 떨어뜨리는 역할을 한 것이다. 그 이후 내가 EM 효소를 주방 세제로 쓰기도 하고 빨래할 때도 쓰면서 여러모로 유익하게 사용하고 있다.

단 하나 샴푸는 용해하는 한약재도 중요하지만 오일과 가성칼리(수산화칼륨)로 만드는 페이스트가 중요하다. 가성칼리는 위험하기 때문에 다룰 때 아주 조심해야 한다. 그래서 난 자주 하기는 번거로워 한꺼번에 많이 만들어놓고 필요할 때마다 조금씩 한약재에 녹여 사용한다. 난 이렇게 좋아하며 3년째 쓰고 있는데 처음 사용하는 사람들은 헹굴 때 뻣뻣함을 참지 못하는 것을 본다. 몇 번만 연속해서 쓰면 그다지 뻣뻣함이 느껴지지 않는다고 누누이 설명하건만 여자들은 머리카락이 수세미 같은 느낌을 못 견디는 것 같다. 일종의 기호 제품으로 받아들이면 그럴 수밖에 없다고 생각한다. 그래서 다음부터는 필요로 하는 사람에게만 나눠주고 있다.

천연 화장품에 관심 있다면 제일 먼저 쉬운 것을 만들어 사용해보는 게 어떨까. 내가 그랬듯이. 바로 워셔블 클렌징 오일이다. 오일로 마사지하듯 바른 뒤 물로 닦아내면 되는 이 클렌징 오일은 신선한 오일과 오일의 친수력을 돕는 올리브 리퀴드라는 게 있으면 된다. 생각만으로는 끈적이지 않을까 염려되는데 실은 전혀 그렇지 않으며 화장을 지울 때, 특히 민감한 눈 화장을 지울 때 아주 요긴하다. 오일이라 아주 부드럽게 피부를 닦아주기 때문이다. 대신 손에 물기가 있으면 안 된다. 뽀송뽀송한 손바닥에 오일을 떨어뜨린 뒤 얼굴에 마사지하듯 문지른 후에 물로 닦아내면 된다. 주로 식물성 오일을 사용한다. 오일이 피지 성분을 녹여내기 때문에 블랙 헤드도 제거할 수 있다는 것이 장점이다.

또 워터프루프 타입의 화장을 쉽게 지울 수 있으며, 피부에 색조 화장이 남아 착색되는 것을 방지할 수 있다. 주의할 점은 오일 성분이 모공에 남아 있으면 여드름이나 뾰루지가 생길 수 있는데 그게 염려가 되면 클렌징 오일을 사용한 다음에 천연 비누로 살살 이중 세안을 해주면 된다. 이런 사소한 이야기를 길게 하는 이유는 직접 만들어보니 너무 좋았기 때문이다. 그리고 내가 만들어 쓰면서 오일의 효과를 정리해보니 아는 만큼 효과도 있는 것 같아서이다. 그래서 별로 쓸 생각이 없는 친구들에게 효능도 말해주지 않고 선물로 주는 건 조금 자제해야 하지 않을까 싶다. 신선한 재료를 사용하고 방부제를 넣지 않기 때문에 유통기한이 두 달 남짓인 것을 감안하면 화장대에서 마냥 굴릴 일이 아니기 때문이다. 물론 오일류는 6개월 이상 쓸 수 있긴 하지만 말이다.

내가 즐겨 쓰는 클렌징 오일 성분 중 하나인 녹차 씨 오일은 피부를 맑게 해준다. 그리고 피부에 보습 효과와 윤기를 주는 포도 씨 오일은 항산화 역할을 한다. 그 오일을 친수성 있게 만들어주기 위해 올리브 리퀴드를 조금 넣어 흔든 뒤 자기가 좋아하는 에센셜 오일을 한두 방울 넣으면 에센셜 오일 효과도 있고 향도 은근히 즐길 수 있다. 나는 라벤더와 티트리 오일을 선호한다. 향이 달콤하기도 하면서 시원한 느낌이 들기 때문이다. 이 클렌징 오일은 정말 맘에 든다.

재료

베이스 오일 : 녹차 씨 오일 50그램, 살구 씨 오일 35그램

유화제 : 올리브 리퀴드 15그램

에센셜 오일 : 라벤더 5방울, 티트리 5방울

이 클렌징 오일은 물기 없는 손에 덜어서 얼굴을 살살 마사지하듯 문지른 뒤 티슈가 아닌 미지근한 물로 살짝 헹궈주면 된다. 굳이 비누로 다시 세안하지 않아도 되지만, 약하게 비누 세안을 해도 좋다. 의외로 화장이 잘 지워지는데, 아이 리무버나 립 리무버로 사용해도 좋다.

두 번째, 스킨 만들기다. 스킨은 시골에서 살다 보면 허브로 쉽게 만들기도 하는데 난 에센셜 오일을 사용한다. 제일 무난하지만 효과 면으로 보았을 때 일당백 역할을 하는 라벤더 에센셜 오일을 제일 좋아하고 다음에는 메이창이란 오일을 좋아한다. 메이창 오일은 향이 레몬처럼 시원하면서도 레몬 오일과는 달리 감광성이 없어 낮 제품으로 대신할 만한 오일이다. 스킨 재료로는 에센셜 오일과 정제수, 올리브 리퀴드만 있으면 된다. 비커에 메이창과 라벤더 에센셜 오일을 떨어뜨린 뒤 올리브 리퀴드를 섞어 중탕한다. 온도가 섭씨 50~60도 정도 되게 하고 또 다른 비커에는 정제수를 넣어 같은 온도로 중탕한다. 그런 뒤 오일이 담긴 비커에 정제수를 섞는다. 그 순간 올리브 리퀴드 때문에 오일이 뽀얗게 우윳빛으로 변한다. 그럼 스킨이 완성된 것이다. 이렇게 만든 천연 제품은 두어 달 정도 상온에서 쓰면 된다. 직접 만든 스킨을 발라보면 정말이지 얼굴이 가벼워지는 느낌이다.

재료

에센셜 오일 : 라벤더 3방울, 메이창 2방울

유화제 : 올리브 리퀴드 3그램

정제수 80그램, 티트리 워터 20그램

보습제 : 히알루론산 5방울, 프로폴리스 3방울

이제 세 번째로 로션을 만들어볼까? 로션에는 베이스 오일로 햄프 시드 오일과 아르간 오일 그리고 호호바 오일을 주로 쓰고, 가끔 녹차 씨 오일을 쓰곤 한다. 햄프 시드 오일은 대마 씨 오일로 아토피처럼 건조한 피부를 촉촉하게 해주는 역할을 한다. 그리고 아르간 오일은 피부를 맑게 해주며 호호바 오일 역시 건성 피부에 도움을 준다. 녹차 씨는 피부 트러블에 좋아 여드름이 나는 젊은 친구들 것을 만들 때 사용한다. 그러나 대부분 내가 사용하는 오일들은 누구나 써도 좋은 오일로 건성에도 지성에도 별 부담 없이 쓸 수 있다.

Tip 천연 로션(100밀리리터) 만들기

재료

베이스 오일 : 아르간 오일 8그램, 호호바 오일 7그램

올리브 유화 왁스 4그램

정제수 80그램

보습제 : 콜라겐, 하이드록시 5방울씩

에센셜 오일 : 라벤더 2방울, 메이창 2방울

만드는 법

1. 비커에 아르간 오일과 호호바 오일을 넣는다.

2. ①에 올리브 유화 왁스 4그램을 넣는다.

3. 또 다른 비커에 정제수를 따른다.

4. 오일과 정제수가 든 두 비커를 따로따로 중탕해서 섭씨 50~60도 정도로 맞추는데 이때 두 내용물의 온도가 차이 나지 않도록 한다.

5. 정제수를 오일 비커에 넣고 젓는다.

6. ⑤에 보습과 항산화 효과를 위한 콜라겐, 하이드록시 등을 넣어 가볍게 젓는다.

7. 마지막으로 라벤더와 메이창 에센셜 오일을 넣어주면 로션이 완성된다.

난 이 로션 하나로 다 쓴다. 화장품의 가짓수가 많으면 헷갈린다. 물론 이것은 어디까지나 시골에서 살아가는 나만의 선택이다. 여기선 기초 화장품 두어 가지면 된다. 시골에서는 얼굴을 가볍게 하고 살 수 있다. 대신 잡티는 어쩔 수 없이 거칠 것 없는 햇살과 바람이 주는 선물이라 생각하고 살기로 했다.

화장품 이야기를 하다 보니 옷 이야기도 잠시 하고 싶어진다. 실은 남들은 몰라도 난 은근히 옷에 신경을 많이 썼다. 남들이 보기엔 매번 똑같은 차림이라 해도 말이다. 그러니 당연히 전에는 사람들을 만날 때면 무엇을 입을까 고민을 많이 했다. 같은 옷 두 번 안 입으려고 말이다. 그다지 유행에 민감한 사람도 아니면서 철철이 백화점 구경을 즐겨 했다. 그런데 이곳에 살면서 옷에 대한 개념이 바뀌었다. 일 년에 한두 번 꺼내 입는 비싼 옷들을 더 이상 사들일 이유가 없어진 거다. 그리고 외출복과 집에서 입는 옷의 구분을 두지 않게 되었다. 단, 작업복은 따로 생각한다. 그래서 여기서는 치마를 즐겨 입는다. 사람들은 바깥일이 더 많은 시골에서 웬 치마? 하겠지만 의외로 치마가 생각보다 훨씬 몸을 움직이는 데 편하다. 또 집이 나의 공간이면서도 일터라는 생각 때문에 종종 손님들에 대한 예의로 바지보다는 치마가 그나마 옷을 갖춰 입었다는 느낌을 준다고 생각해 치마가 좋기도 하다.

그리고 성격상 입은 옷차림을 바꿔서 외출하는 것이 어색해 가능한 한 집에서 입던 옷차림으로 간단히 바깥 출입을 하는 것을 나름 원칙으로 하고 있다. 그러다 보니 전에 입지 않고 놔두었던 외출용 옷들을 하나씩 꺼내 입는 재미가 생겼다. 옷의 역할을 다시 생각하게 해준다는 느낌이다. 이렇게 입다가 싫증 나면 수를 놓거나 천을 덧대어 조금 장난을 치곤 한다.

지난번엔 방석에 수를 놓다 옆으로 밀어둔 원피스가 눈에 들어왔다. 그래서 얼른 앞가슴에 꽃수를 놓았는데 그게 또 새로워서 한동안 열심히 걸쳤다. 손이 가는 순간 정체된 에너지가 바뀐 것이 맞다. 옷이든 뭐든 쌓아두면 안 된다고 생각한다. 어떤 물건이든 그 사용됨에 가치가 있으니 말이다.

지금은 돌아가신 아버지가 생각난다. 아버지의 사업이 크게 부도가 난 뒤 한 3년 정도 양지바른 작은 시골 마을에 계셨는데 그때 아버지가 보여준 알뜰함은 정말 놀라웠다. 남의 텃밭이지만 밭에 골을 파서 갖은 채소랑 잡곡을 거두어내셨고 그것들을 일일이 우리한테 나눠주셨다. 그런데 그것들을 포장할 때 쓰는 끈을 보고 놀랐다. 집으로 도착하는 박스며 포장지를 잘 챙겨두고 끈을 얇게 나누어 차곡차곡 모아두셨다 필요할 때마다 채소 지지대를 묶는데 쓰시거나 다시 포장할 때 쓰셨다. 쓰지 않는 노트를 일정하게 잘라 메모지로 쓰는 것도 눈에 띄었는데 장날 할머니들이 버리는 비닐을 모아서 나물을 담아주는 데 이용하는 모습과 겹치면서 그냥 지나쳐지지 않는다.

하긴 요즘 세상은 물건이 너무 차고 넘쳐서 문제지 모자라서 문제 되는 법은 없다. 그런 생각들이 내가 이곳 살림을 하면서 느끼는 것이다. 얼마든지 갖고 있는 걸 활용해 소박하지만 즐겁게 살 수 있다고 믿게 되었다. 나의 창조적 감성이란 새로운 것을 갖는 게 아니라 낡은 것들을 새롭게 하고 새롭게 느끼는 데 있다. 이미 장은 펼쳐졌고 난 하고 싶은 대로 손만 덧대면 된다. 무엇이 되든 상관없다. 내가 그 안에서 재미나게 놀고 있다는 게 중요하지. 그런 맘이 들면서 눈에 들어오는 모든 것들이 내 장난기를 발동시키는 계기가 되었다. 즐거운 발상이 꿈틀거린다. 내가 잘하는 말.

"이거 이렇게 한번 해볼까?

그랬다. 늘 남의 힘으로 완성된 것들을 사들이던 시간이었다. 그러던 것이 어느새 느리게나마 내 손으로 만들어내는 시간으로 옮겨 가기 시작했다. 나는 느낀다. 비록 성기기는 해도 이 순간들이 조금씩 내 삶에 켜켜이 쌓여가는 것을. 내가 나를 돌보고 있다는 이 느낌은 실로 이곳이 주는 보이지 않는 선물이다.

그래서 나는 그 길을 걷는다

"언니야!"

뒷집에 사는 동생이 목청 크게 부르며 집으로 들어온다. 언제부턴지 나도 덩달아 "와?" 하고 경상도식 답변을 하고는 바라보니 옷차림이 가볍다.

"언니야, 매일 혼자서 뭐 하노. 나가자."

도무지 혼자 있지를 못한다는 뒷집 동생은 나보다 열 살 아래로 나의 유일한 이웃이라면 이웃이다. 요즘은 일하러 다니느라 바빠 얼굴을 잘 못 보지만 이사 오던 첫해 겨울, 나를 어쩌나 살뜰히 챙겨주던지 참으로 그때 그 고마운 마음을 잊을 수가 없다.

"어디 가자고?"

"운동 가자."

한 시간쯤 걷는 길이 있는데 같이 가겠냐는 소리다. 그 말에 주섬주섬 옷을 챙겨 입고 나섰다. 집 건너편 마을로 들어서서 논길 따라 걸어가는데 풍경이 눈을 끈다기보다는 그저 한가하기 이를 데 없어 봄날인데도 쓸쓸한 기분이 드는 길이었다. 걸으면서 진달래가 배시시 웃는 것도 보고 도랑 물가로 미나리가 파랗게 송송 올라와 있는 것도 봤다. 길 끝에 작은 돌담 집이 있는데 어딘지 한쪽 귀퉁이가 잘려나간 것 같은 아릿함이 묻어나는 곳이었다. 그곳을 지나치면서 그 안에 살고 있는 사람과 마주치는 일이 없기를 바랐다. 지나치게 연민의 정을 느낀 것인지 아님 내가 너무 '오버'했든지 둘 중의 하나일 것이다. 그저 지나가는 길에 만나게 되는 풍경 중 하나로 두고 싶은 마음이었을 것이다.

사람이 눈에 띄지 않는 작은 길을 걸어가니 다시 마을이 하나 나왔다. 이곳은 가야산 뒷자락에 자리한 마을로 유난히 볕이 좋은 동네라 일컬어지는 곳이고 외지인들이 들어와 전원주택을 지어 하나둘 자리 잡아가고 있다. 그렇다곤 해도 서울 근교 만큼 북적이는 건 아니다. 그저 한가한 시골에 도시인들이 드문 드문 들어와 박히고 있다는 말이다.

뒷집 동생과 시작한 산책의 종착점은 동네 한가운데 있는 소나무였다. 그렇게 알아낸 길을 가끔 혼자 걷는데 가능한 한 마을로 들어가지 않는다. 모르는 사람 왔다고 개가 요란스레 짖는 것도 싫고 낯선 얼굴이라 호기심으로 내다보는 시선도 부담스러워 그저 한가한 도로변을 따라 걷다 오는 게 더 편해서다. 내가 혼자 길을 나서는 건 유별나게 혼자 걷는 걸 좋아해서가 아니라 누군가와 함께 걸으면 나한테 또는 주변에 집중이 되지 않아서 그렇다. 그걸 눈치챘는지 동생이 그런다.

"언니는 혼자 참 잘 논데이."

놀려도 좋다. 그렇게 해서 알게 된 마을길 하나를 나의 산책길 첫 번째 목록에 넣었다. 우리 집은 마을 어귀 첫 번째 집이면서 마을과 거리를 두고 있어 그다지 마을 사람들과 교류가 많지 않다. 가끔 어른신들 뵐 일 있을 때만 마을로 들어가곤 했다. 더구나 길이 난다고 하면서 집 뒤 사과 밭이 없어지고 소나무가 실려 나가고 난 이후로는 그 휑함이 싫어 더더욱 뒷길로 나서 볼 생각을 하지 않았다.

그런데 어느 날 우리 집에 온 손님 중 한분이 그러신다.

"마을 안이 예뻐요."

아침 산책길에 여느 시골 마을이 그렇듯 이슬 가득한 풀들이며 지붕 위 반짝

거림이 눈에 띄었나 보다. 그 말을 듣고 보니 막상 난 마을 깊숙이 들어가본 적이 없다는 생각이 들었다. 너무 가까이 있어서 뒤로는 걸어가볼 생각을 하지 못했구나.

저녁이 내리기 전에 뒷문을 나섰다. 카메라도 하나 챙겨들고. 전에 무심코 지나쳤던 것들이 다시 눈에 들어오기 시작했다. 마을 초입에 있는 우물가. 지금은 아무도 그곳에서 물을 퍼 올리지 않는다. 그래도 들여다보니 물이 고여 있었다. 한때는 이곳에서 물도 긷고 빨래도 하고 온갖 마을 일들이 일어났을 테지. 우물가 옆에는 게시판이 하나 있었다. 지금은 아무것도 쓰여 있지 않은 비어있는 게시판이지만. 이곳 또한 마을의 소식을 한자리에서 알 수 있는 곳이었겠지. 지금은 이장님의 확성기가 그 게시판을 대신하는 것 같다.

난 좁은 길목이 좋다. 누구는 길이 좁아 싫다 하나 시골길이 좁은 건 당연한 거 아닌가. 그저 사람 몸 하나 지나면 되는 걸. 너무도 길을 많이 닦아대는 요즘 행정을 보면 맘이 결코 편치 않다. 멀리 갈 것도 없이 우리 집 앞으로 나는 큰길을 보면서 계속 반복되는 생각이다. 산 하나 깔아뭉개는 것은 일도 아니라는 식의 행동이 눈앞에서 아무렇지도 않게 자행되는 것을 어찌 사람을 위한 것이라고 좋다고만 하겠는가. 더 빠르게, 더 편리하게. 글쎄, 결과는 아무도 장담하지 못한다. 더 빠르게 더 편리하게 이 지구상에서 우리가 사라져 갈 이유가 될지도.

좁은 길가에 옹색하게 서 있는 집들을 보았다. 옹색하다는 것은 대부분 노인들만 산다는 이유로 어딘지 노동의 한계를 느끼게 되는 집 안과 밖의 어수선함 때문이다. 뒹구는 플라스틱 살림살이, 흩어진 농기구, 비료 부대. 그래도 돌담 사이로 난 풀들이 그 어수선함마저 살갑게 해주고 있었다.

빈 집들이 눈에 띄었다. 누군가 그 집 앞마당에 파라도 심었는지 그냥 한동네라는 연대감을 슬그머니 과시하는 것 같다. 그래도 팔려고 내놓은 집은 없다. 노인들이 살다 한쪽이 먼저 세상을 뜨고 남은 한쪽이 집을 지키다 그나마 몸이 안 좋아 도시에 있는 자식네로 들어가게 되면 이렇게 빈집으로 남아 있는 곳이 허다하단다.

자식 곁으로 간 어르신이 돌아가실 때까지는 말이다. 언젠가는 돌아가야 할 곳이라며 남겨진 집에 대한 미련이 자식들로 하여금 아무도 살지 않을 이 집을 파는 걸 보류하게 한다는 말을 전해 들으며 덧없고 덧없는 것이 인생이라는 말을 떠올리게 된다.

사람이 살지 않는 집이 무슨 소용이겠는가. 집에 대한 기억은 사람과 함께 나고 죽는 법이다. 이러저러한 생각을 하며 길을 오르니 나지막한 집 지붕 위로는 박이 열리고 있고 멀리는 깨를 말리기 위해 담벼락에 쭉 세워놓은 것들이 정겹다. 보이기 위한 것이 아니라 그냥 보이는 것들에서 가장 자연스러운 사람살이를 느꼈다.

구불구불 오르다 보니 다른 마을로 내려가는 길이 보였다. 그곳으로 내려가니 사과 밭이 깊숙이 자리 잡고 있고 계곡물이 흐르고 있었다. 물 좋고 햇살 좋은 마을 안의 사과 밭이다. 드문드문 굴뚝 위로 연기가 피어오르고 구름이 되어 사라지는 걸 보면서 내가 걷는 이 작은 길에 내 마음을 내려놓았다.

지리산 둘레길이 열리고 제주도 올레길이 열리면서 걷기에 대한 열망이 폭발하듯 전국 각지에서 일어나는 것을 보았다. 원시적인 삶에 대한 회귀본능이라고

나 할까. 가야산 자락에 와서 나도 걷는 길을 하나 만들어볼까 싶은 유혹을 잠시 느꼈다. 누군가를 위해서라기보다 내가 좋아서 걸었던 길이 또 다른 사람의 길이 되는 자연스러운 일이 일어나기를 말이다.

내가 걷다 보면 언젠가 조용히 열릴 날이 있겠지 생각하며 비밀의 화원이라도 있는 듯 조심스레 발길을 떼고 있는데 작년 가을 아주 예쁜 길이 하나 열렸다. 바로 소리길이다. 이롭게 소생하는 길이라. 바람 소리, 물소리, 마음을 내려놓는 소리가 가득한 길이라 했다. 합천 해인사의 초조대장경이 1000년 되는 해를 기념해서 큰 행사가 열리면서 홍류동 계곡을 따라 있던 마을길이 소리길의 일부로 들어온 것이다.

사람들이 몰려드는 낮 시간을 피해 일부러 아침 일찍 소리길로 나섰다. 집에서 해인사 아랫마을 주차장까지 가는데 15분 정도 걸린다. 차를 세우고 소리길이라는 현관 아래를 지나 걷기 시작하니 주변 논자락에 벼 대신 심어놓은 금잔화와 코스모스가 장관이었다. 그리고 저 멀리는 여전히 아름다운 다랑이 논이 펼쳐져 아침 햇살에 빛나고 있었다. 아직 사람 발길이 덜 닿은 길을 걸으며 언젠가는 묵은지처럼 깊은 맛이 내 발바닥을 타고 올라올 상상을 하면서 천천히 홍류동 계곡을 따라 걸었다. 길가 마을은 한때는 도자기 작업장으로 쓰였던 곳이라는데 지금은 빈 곳으로 남아 쓸쓸함을 더해주었다. 하지만 가을날과 묘하게 조화를 이루고 있어 낯선 이방인들의 눈길을 위로해주는 것 같았다. 세상에 변하지 않는 것이 어디 있을까. 그런데 그렇게 모든 것이 변한다면 나는 어떻게 나라고 할 수 있을까. 불가에서는 이렇게 반문한다. 아니다. 변하는 것들을 나라고 어찌할 수 없다. 그럼 변하지 않는 것이 내 안에 있더

285

냐? 있다면 무엇인가? 그러는 나는 누구인가? 길을 걸으며 던지고 받고 하는 내 안의 소리들을 잠시 일깨워 흐르는 물에 떠내려 보낸다.

짙은 노란색 금잔화가 햇살에 저리도 빛날 수 있던가. 아니 코스모스는 어찌 저리도 투명한가. 나무 하나하나, 물길 속 바위 하나하나 그대로 다가와 가슴에 꽂혔다. 마을 길이 끝나면 좁은 산길이 이어진다. 산길을 걷다 나를 끌어안는 소나무를 하나 발견했다. 나도 모르게 두 팔을 돌려 안았다. 나는 내가 안은 줄 알았는데 그게 아니었다. 나무가 나를 안아주는 것이었다. 그 이후 마치 연인을 만나러 가듯 아침마다 길을 나섰다. 나무를 안으면서 거친 껍질 속 수액이 나에게 속삭이는 것을 들었다. 쉿! 그냥 느끼렴. 그냥.

산길을 따라 두 시간 반쯤 가다 보면 해인사에 이른다. 이 소리길은 명상의 길, 침묵의 길, 함께하는 길, 돌아보는 길 등 열 가지 마음 찾기 테마와 연결지었는데, 다양한 테마의 길이 시작될 때마다 가던 발길을 잠시 멈추게 된다.

나는 머리를 숙이지 않고는 지나갈 수 없는 나무 아래 붙은 단어를 들여다보았다. 하심(下心). 내가 소리길에서 끊임없이 걸으면서 하고 싶었던 일이 바로 하심, '마음 내려놓기'였다는 것을 고개를 숙여 나무 아래를 지나가면서 다시 한 번 확인하는 시간이 되었다.

난 걷는 것을 좋아한다. 가끔 내 뜻대로 일이 돌아가지 않을 때, 내 맘 같지 않은 사람들을 만날 때, 몸이 맘처럼 움직여주지 않을 때, 그때는 무작정 걷고 싶어진다. 걸으면서 이 문제에 대해 깊이 생각하기 위해서일 때가 많다. 그런데 그게 아니다. 처음엔 생각을 하는 척하나 좀 지나면 아무 생각 없이 그저 타박타박 걷고 있는 나를 볼 뿐이다. 별거 아니구나. 그런 맘이 들 때까지 그저 걷는 일이 내게 주는 것은 단순함으로 돌아가는 길이다. 그것을 알아채면서부터는 걸으면서 생각하는 일에 그다지 의미를 두지 않는다.

내 곁을 지나치는 것들을 있는 그대로 느끼고자 할 뿐이다. 나뭇잎이 떨어지는구나. 물소리가 꺾이는구나. 새들이 요란스레 떠드는구나. 그렇다. 내게 걷는 일은 그저 나를 느끼고 주위를 느끼는 일이다. 그게 절로 비워지는 일에 가까워지기 위한 나만의 길이라는 것을 어렴풋이 눈치챘기 때문일 것이다. 그래서 걷는다, 나는.

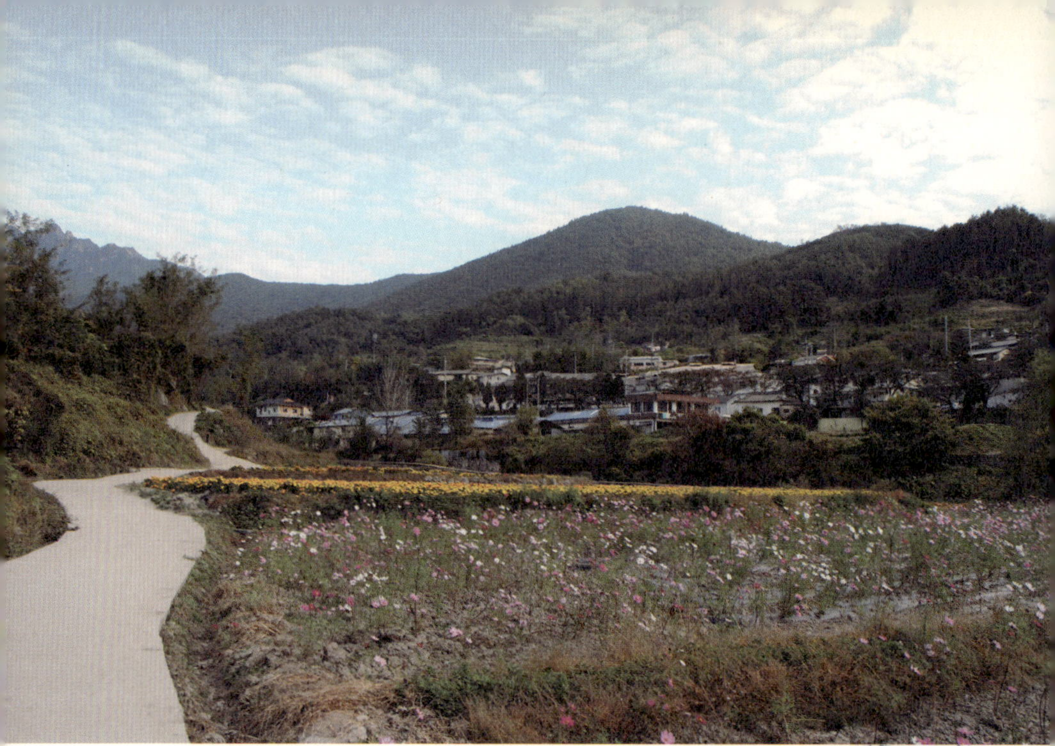
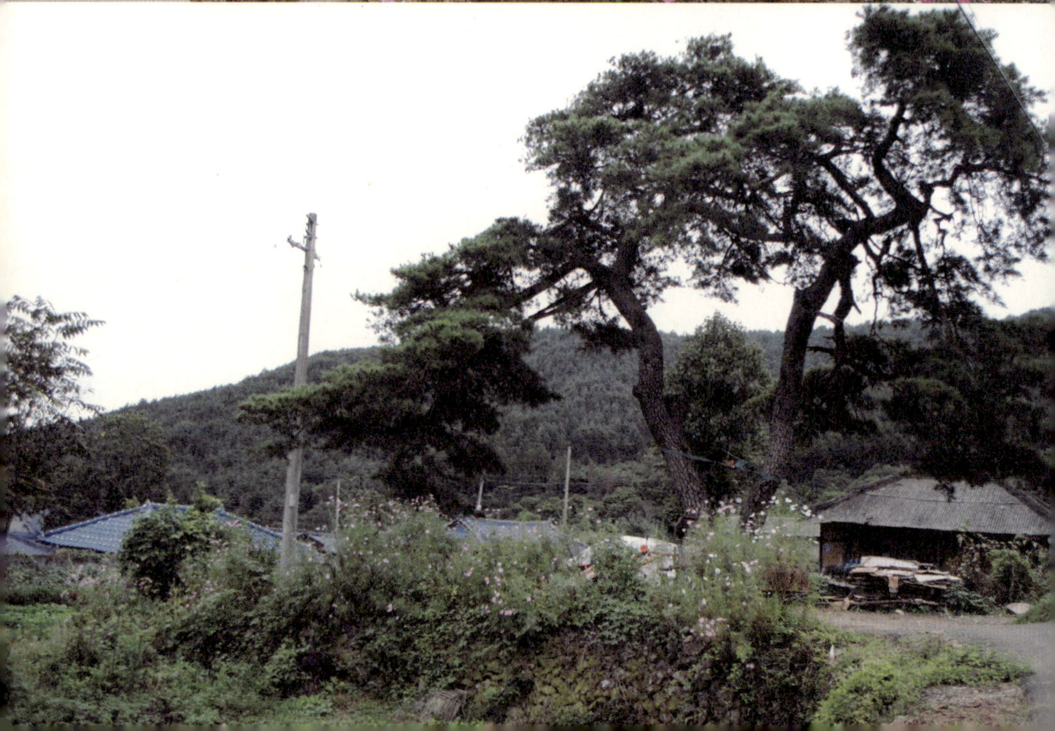

오래된 것과 아날로그적 삶이 주는 행복

오일장 구경 갑시다

여기에 오니 큰 슈퍼에 가는 대신 장날을 기다려 옆 동네 놀러 가는 것처럼 드나드는 일이 더 자연스럽다. 오일장이 서는데 성주장은 2일과 7일, 고령장은 4일과 9일이다. 이른 봄에는 햇살 따뜻한 곳에 보자기를 펼치시던 할머니들이 여름이 오면 그늘 가에 모두들 들어가 앉아 계신다. 매번 서로들 자기 자리가 있어 장날 때마다 만나시는 것 같다. 마치 한 가족처럼 옆에 앉아 이것저것 나눠 드시며 손님이 바구니에 관심 보이기 전에는 두런두런 이야기도 나누고 가져온 나물을 열심히 다듬기도 하신다.

사실 할머니 눈빛이 따라오면 조금 부담스럽다. 같은 나물을 놓고 계시는 할머니들이라 누구 한 분 것만 사는 것이 마음에 걸리기 때문이다. 그럼에도 한 할머니 앞에 쪼그리고 앉아 이것저것 물어보게 된다.

"이거 아시 부추여."

"아시요?"

일본 말인가 보다. 이른 봄 처음 올라온 부추를 가지고 나오신 것이다.

"이건, 자식도 안 주고 먹는겨."

그 정도로 좋다는 말이다. 부추가 한 뼘이나 될까? 난 마트에서 본 길쭉길쭉 파릇파릇 보들보들한 게 부추라고 알고 있었다. 지금까지는 아버지가 좋아하시던 거라 늘 그러려니 하면서 먹었는데, 언제부터인가 부추를 볼 때 노지에서 나온 것인지 비닐하우스에서 나온 것인지 구분하고 있는 내 자신을 발견한다. 내가 엄청 야무져졌다는 느낌이 든다.

아시 부추. 역시 맛이 달랐다. 부추가 이렇게 달다고 느낀 적이 없었다. '생재

래기'라 부르던가. 배우면 열심히 복습하는 학생이 바로 나다. 부추만 보면 열심히 사 와 먹고 그것도 모자라 마당 한 귀퉁이에 심어서 먹고 있다. 요즘도 거의 장날마다 나가면 장바구니에 부추가 빠지는 법이 없다.

"이거 무슨 나물인가요?"

돌미나리였다. 늘 하우스 안에서 깨끗하게 다듬은 애들로 포장한 것만 본 탓에 짤막하고 통통한 애들을 알아보지 못했다.

"내가 도랑에서 뜯어온 건데 먹어봐요."

늘 느끼는 바지만 나물 한 보따리 풀어 다 팔아도 1만~2만 원이나 될까. 그걸 앞에 두고 하루 종일 앉아 계시는 할머니들 앞에서 "깎아주세요"라는 소리는 잘 나오지 않는다. 오히려 1000원이라도 더 보태주고 싶은 마음이 든다. 그러고 보면 나물 값이 제일 헐값이라는 생각이 든다. 도시에서는 질 좋은 나물을 먹고 싶어도 잘 먹을 수 없을 뿐만 아니라 챙겨 먹으려면 너무 큰 비용을 지출해야 한다. 유통 과정에서 생기는 비용이겠지. 이런 걸 생각하면 나는 운이 참 좋지 싶다. 할머니들 손으로 거둔 얼마 되지 않는 좋은 나물을 아무렇지도 않게 쉬이 밥상에 올릴 수 있으니 말이다. 장날에 가져나올 것들을 위해 하루 종일 밭두렁, 논두렁에서 철 이른 나물을 캐서는 바구니 바구니마다 1000원, 2000원에 파는 할머니의 말간 나물들이 자꾸만 눈길을 붙잡는다.

"할머니, 다음 장날에도 뵈요."

한동안 궁금했다. 고령장이 왜 유명한지 말이다. 겉으로 보이는 외양을 봐서는 성주장이랑 별반 차이가 없어 보이고 더구나 장터를 살펴도 여느 장터와 특별히 차별화되는 것이 없는데 말이다. 그런데 나중에 알게 되었는데 고령장은 새벽 4시면 열린다고 한다. 곡식이며 나물들을 갖고 나오는 사람들과 인근 도시나 전국에서 모여드는 상인들과 하는 거래가 그렇게 이른 시간에 활발하게 이루어진다는 것이다. 바로 이 거래의 양으로 장의 크기를 가늠한단다. 특히 마늘이나 마른 고추가 나올 무렵이면 다른 것들은 잠시 미뤄놓고 있을 만큼 장이 활발해진다고. 그러고 난 뒤 나머지 낮 시간은 소매에 들어간다. 아, 그렇구나. 농사를 지은 사람들과 인근 도시에 있는 상인들의 일차 거래가 끝나고 난 시간대에 나타나는 내게 장날은 그렇게 뜨거워 보이 않은 거였구나. 한가하게 보이던 장날의 새벽은 나도 모르는 사이에 살아 파닥거리는 생선처럼 푸르게 지나가고 있었던 것이다.

풀무질하는 대장간

언제부터인지 모르겠다. 철물점 들여다보는 걸 즐기게 되었다. 못이랑 망치 그리고 새로운 연장을 볼 때마다 나도 모르게 다가서게 된다. 그러다 만난 장날 대장간이 어쩌나 반갑고 좋던지. 장에 갈 때마다 그곳 앞을 지나가면서 기웃거린다. 고령대장간은 남아 있는 몇 안 되는 대장간이라 한다. 그 말을 들으니 문득 귀한 보물 하나를 발견한 것 같은 기분이 든다. 무딘 것들이 더 이상 무디지 않은 것으로 거듭 태어나는 일. 내가 대장간 안에서 배우는 삶의 모습이다. 아버지에 이어 아들이 풀무질을 하는 대장간에는 늘 사람들이 북적인다. 농번기 때는 더하다. 새로 밭을 일구어야 할 때, 산으로 들로 나물 캐러 가야 할 때 적어도 호미는 하나 새로 장만해야 하지 않겠는가.

"날이 안 들면 가져오세요."

나도 그렇게 해서 낫을 두 개나 들고 갔다. 나중에 옆에 있는 이웃 동생한테 자랑을 했다.

"나 낫 갈아 왔다."

"얼마 달래요?"

"얼마라니?"

장날이면 대장간 앞에서 기웃거리는 나와 인연을 튼 주인장이 내가 아무 생각 없이 낫을 갈아달라니 차마 돈을 지불하라는 말을 하지 못한 것 같다. 그 말을 듣고 보니 미안하기도 하고 내가 참 철없어 보이기도 해서 다음엔 꼭 이 일을 아는 척해야겠다고 마음먹었다.

무쇠를 보면서 생각한다. 날카롭고 둔탁한 것일수록 무엇이 감싸고 있는가?

나무다. 나무랑 쇠의 결합은 절묘하다. 강한 것과 부드러운 것이 만나 새로운 일을 창조해내는 도구로 쓰이는 것이다. 늘 그 앞에 서서 삽이든 호미든 한번은 눈길로 쓰다듬고 싶어지는 마음이 드는 건 아마도 이제야 내가 땅을 제대로 딛고 서 있을 준비가 된 것 같다고 스스로에게 말을 건넨다. 내가 대장간을 드나들면서 사 온 호미며 낫이며 삽 중에서도 제일 맘에 드는 건 무쇠 칼이다. 나물 캘 때 사용한다며 여러 개 사서 사람들 나눠주기도 하고 나도 쓰는데 요즘은 과일 깎을 때도 서슴없이 쟁반에 올려놓아 보는 이들을 놀라게 한다.

"이걸로 깎아요?"

난 그 말을 들으며 과일을 쓰윽 그 앞으로 밀어놓는다.

"재미있잖아."

어딘지 거칠면서도 어리숙해 보이는 저 작은 무쇠 칼에 난 나의 대장간에 대한 사랑을 아낌없이 쏟아놓는다. 그럼 사람들은 당장 그런다.

"장날이 언제지요?"

뻥이요!

장날이면 어김없이 있어야 할 것 같고, 있어야 하는 게 있다. 바로 뻥튀기하는 곳이다. 그 앞에 가면 어릴 적 기억이 고스란히 되살아난다. 고소한 냄새가 진동을 하는 시커먼 뻥튀기 자루 앞에 서서 나는 보리쌀 한 되를 내밀었다.

"이거 튀겨주세요."

그랬더니 아줌마가 한마디 하셨다.

"요즘은 뻥튀기도 못하겠어. 가스 값이 그새 두 배는 더 뛰었다니까. 그렇다고 값을 올리자니 곡식 값하고 맞먹고. 누가 그 돈 내고 뻥튀기 해 먹겠어?"

어르신들은 단돈 10원에도 아주 민감하다는 사실을 염두에 둔 말이다. 난 할 말이 없어 그냥 흩어진 뻥튀기만 발로 밟고 있었다. 시골에 오니, 특히 오일장에 드나들면서 돈의 개념이 내가 생각하는 것과 달라 처음에는 좀 놀랐다. 솔직히 돈이 이렇게 가치 있는 줄 몰랐다. 우리가 사용하는 모든 공산품들이 곡식하고 비교되는 순간 돈의 가치는 엄청나게 달라진다. 도시에서 아무렇지도 않게 마셨던 커피 한 잔 값이 곡식 한 되 값이고, 하루 종일 뜯은 나물 두 바가지 값이다. 내가 그곳에 몸담고 있을 땐 머릿속으로만 계산할 수 있던 이야기들이 여기서는 피부에 가까이 와 닿는다. 전에 농사를 짓는 친척 어르신들이 우리 집에 와서는 "아이고, 이건 쌀 한 바가지 값이네, 쌀 반 가마 값이네"라고 말씀했던 이유를 이제는 알 것 같다. 너무 빨리 찍어내고 너무 빨리 가질 수 있는 것들이 일 년에 걸쳐 익은 후에야 거둘 수 있는 것들에 비해 값이 센 것이다. 그러니 농사짓는 사람들이 순간순간 의욕을 잃을 만도 하다.

나 또한 점점 서울에서 볼일을 본다는 명목으로 올라가 돈을 쓰다 보면 도시에서 시간을 보내는 것은 완전 '돈 쓰기'라는 결론에 이른다. 뭔지 모르게 대부분 돈으로 지불해야 하는 것들이 주는 불편함을 몸으로 느낄 수밖에 없다. 그런 의미에서 느리게 벌고 느리게 쓰는 이곳에서의 생활은 훨씬 더 자연스럽다. 돈을 곡식으로 맞바꿔 생각하면 돈의 가치가 달라진다. 그런 걸 느낄 수 있을 때 실로 우린 느리게 살아간다는 것이 어떤 의미인지 배우게 된다. 어쩌면 그런 것이 자연과 함께 살아가는 우리들 모습이어야 하지 않을까.

생각이 많았다. 아줌마가 멍한 내 얼굴을 보며 그런다.

"잠시 귀 막아요."

"어, 잠깐 잠깐만요."

일단 심호흡을 한다. 알면서도 늘 뻥~ 소리가 나면 놀란다.

뻥!

하얀 연기가 손바닥만한 가게에 터지는 순간이다.

297

곡식 가게

장날이면 또 들르는 곳이 있다. 성주랑 고령장을 오가는 양곡 상회다. 난 개인적으로 양곡이란 말보다 곡식이라는 말을 좋아해 그냥 곡식 가게라 부른다. 부모님 뒤를 이어 젊은 아들이 운영한다. 물론 부모님이 뒤에서 든든한 백그라운드가 되어주기는 하지만. 장에 이렇게 젊은 사람이 있다는 것은 정말 바람직한 일 같다. 우리의 장이 이대로 끝나길 바라지 않는다면 말이다. 젊은 사람이 곡식을 파니 신선했다. 그리고 무엇보다 우리 곡식에 대한 애정과 지식이 만만치 않다는 데 놀랐다.

여름 내내 이웃 동생이랑 둘이서 장날에 돌아다니다 곡식 가게에 이르러서는 젊은 사장님 앞에서 늘 새로운 이야기를 듣는다. 우리 것이랑 중국 곡식의 차이점, 잘된 곡식과 잘 안된 곡식, 그리고 생식을 무엇으로 하면 좋을지 등. 더러 젊은 사장님이 점심 먹고 난 자리에 앉아 우리도 시장 냉면 한 그릇 시켜 먹기도 하고 디저트로 시장에서 제일 맛있는 '길 카페' 커피를 대접받기도 한다. 그 와중에도 손님은 끊임없이 오고 이리저리 바쁘게 움직이는 사장님 뒤로 한마디 슬쩍 건넨다.

"손이 필요하세요? 알바 가능한데."

왕사탕

선뜻 손이 가지는 않지만 장날이면 또 기웃거리는 곳이 있다. 장이 열릴 때만 볼 수 있는, 과자와 사탕을 파는 가게다. 왕사탕 앞에서 머뭇머뭇. 단맛만 지나치게 나는 사탕이 먹고 싶다기보다 어린 시절 이리저리 굴리지도 못할 정도로 큰 사탕을 볼 가득 물고 뿌듯한 기쁨을 느꼈던 그 순간을 맛보고 싶어서일 것이다. 나는 사탕 가게 앞에서 늘 눈으로 인사를 한다. '안녕? 어린 날의 눈깔사탕이여.'

시골 장날이라는 것이 특별한 것은 없지만 내게 설렘을 안겨주는 이유는 아마도 도시에서 누려보지 못한 촌스러움과 느림에 대한 향수가 아닐까 생각한다. 물론 이곳 장도 시대가 시대니만큼 자본주의적 속성을 보여주는 것은 어쩔 수 없다. 누군가는 팔아야 하고 팔면 이윤이 남아야 하는 것이 자본주의의 속성이 아닌가. 그럼에도 난 그곳에서 마지막 남은 옛 기억을 길어 올리기를 마다하지 않는다. 누군가 기억을 하는 한 시골 장날은 여전히 존재할 테니까.

매일매일 자연스럽게 살아가는 법을 배운다

우리 동네 참외 밭

성주 관광 브로슈어를 펼치다 나도 모르게 웃음이 나왔다. 관동팔경처럼 성주도 팔경을 꼽았는데 그중 맨 마지막 팔경이 바로 '성주 비닐하우스 들판'이다. "뭐, 비닐하우스?"

성주는 참외 농사로 유명하다. 전국에서 출하되는 참외의 60퍼센트 정도가 성주에서 나온다 하니 그 양이 엄청난 것은 분명하다. 더구나 일 년에 열 달을 농사를 지어 내놓으니 일 년 내내 농사짓는 것과 다를 바 없다. 그런 참외 농사는 비닐하우스가 아니곤 안 되니 하늘에서 내려다보면 그 비닐하우스가 차지하는 면적이 장관이란다. 아 그렇구나. 참으로 실질적인 구경거리다 싶다.

똑같은 참외라도 누가 어떤 맘으로 어떻게 짓느냐에 따라 맛도 가지각색이다. 이웃 소개로 참외 농사 잘 짓는 분의 하우스로 여러 번 참외를 사러 가곤 했는데 갈 때마다 주인장이 참외를 선별해 박스에 넣기까지의 과정이 늘 새로워 보여 한참을 기웃기웃하곤 한다. 가끔은 하우스에 들어가보라고 하는데 정말이지 한여름 비닐하우스는 들어가기가 겁이 날 정도로 뜨겁고 습하다. 세상에는 만만한 일이 없는 것 같다. 종종 다른 농가에서는 유치원생들에게 하우스를 구경하게 하고 참외를 몇 개 따보는 현장학습을 하는데 그런 건 아이들만이 아니라 어른들에게도 흥미 있는 일이라고 생각한다. 노란 참외 꽃이랑 알토란같이 매달려 가는 참외, 비닐하우스 옆 도랑에 버려진 참외를 보고 있노라면 내 입에 들어오는 이 달콤한 과즙이 결코 단순한 맛이 아니라는 것을 저절로 알 수 있게 된다. 농부의 정직한 하루하루가 내 입으로 들어오는 순간인 것을 어찌 모르겠는가.

사과꽃이 피었네

성주 읍내부터 집으로 오는 길 내내 참외 비닐하우스가 줄지어 있다가 가야산 접어들기 얼마 전부터는 비닐하우스가 보이질 않는다. 대신 사과 밭이 눈에 띈다. 온도가 몇도 이상 차이가 나기 때문이다. 아무리 참외가 하우스 안에서 재배된다 해도 전체적인 기온이 가야산 자락 아래에서는 눈에 띄게 떨어지므로 집 뒤로는 기온이 낮아야 하는 사과 밭이 대부분이다. 봄이면 집 앞 도로 건너편에 연분홍빛 사과꽃이 피기 시작한다. 갑자기 나뭇가지 가지마다 피어나는 꽃들을 보면서 내 맘도 배시시 웃게 된다. 어릴 적 보던 〈소년중앙〉이라는 어린이 잡지에 연재되던 만화 제목이 '사과나무 아래서'였던 기억이 난다. 아무튼 이 나이가 되어도 만화 속 주인공 이름이 '미건'이라는 것을 기억하며 사과나무 꽃잎이 떨어지는 과수원 길을 걷던 소녀의 아름다운 모습을 떠올리는 걸 보면 만화 속 사과나무 꽃잎이 얼마나 화사하게 각인되었는지 알 수 있다. 그러니 이곳 사과 밭 앞에 서서 꽃을 바라볼라 치면 내가 마치 그 아름다운 소녀가 된 듯 머리를 쓸어 올리게 된다. 설사 그런 기억 하나 없다 해도 꽃 피는 사과나무 아래 누구라도 한번 서보고 싶지 않겠는가. 꽃 하나에 영글 사과에 대한 이야기를 한번 들어보고 싶지 않은가. 가슴 설레면서 말이다.

꽃이 지고 나도 여전히 꽃은 한 알의 빨간 사과로 변해 보는 눈을 즐겁게 한다. 도무지 멀리 두고 볼 일이 아닌 모습들이다. 이웃 과수원 할머니한테 사과를 사러 갈 때마다 할머니가 꼭 내게 물어보시는 말.

"손님은 좀 있수?"

그러면서 덤으로 새들이 쪼아 흠집이 생긴 사과들을 주섬주섬 담아주신다.

"이거 그냥 껍질째 먹어도 되는 거라우."

가끔 꽃이 아름다워서 일 년 내내 공들여야 하는 수고로움 같은 거 잠시 잊을 때가 있다. 그저 꽃만 바라보고 싶고 가을날 빨간 사과 한 알에 입안에 고이는 침을 삼키고 싶을 뿐이다. 길가로 축축 늘어진 사과나무 가지 끝에 주렁주렁 매달린 사과를 보면서 손만 뻗으면 딸 수도 있는데 막상 손을 뻗지는 못하겠다고 뒷집 동생한테 말했더니 동생이 그런다.

"언니야, 나는 길에 떨어진 사과도 안 줍는데이. 오해할까 봐."

그 말이 사과 밭에 후두둑 떨어져 뒹구는 사과를 볼 때마다 떠오른다. 이곳에 사는 사람들의 보이지 않는 룰이구나 싶다. 아무튼 집 가까이 사과나무 밭이 이렇게 많이 있다는 것은 생각만 해도 상큼해지는 일이다.

백 그루의 매화나무, 백매원

"성주에는 한옥이 아직 많이 남아 있네요."

재실(齋室, 무덤이나 사당 옆에 제사를 지내기 위해 지은 집)을 두고 하는 이야기다. 보수적인 분위기의 성주는 안동 못지않게 재실이 많다고 누군가 지나가는 말로 한다. 그만큼 많다는 이야기겠지. 듣고 보니 과연 그렇다 싶다. 그러다 문득 아소재 오는 길목에 있는 회연서원도 재실로 알까 싶어 물어본다.

"혹시 회연서원 보셨어요?"

"아, 그게 서원인가요?"

우리 집 매화가 하얗게 필 무렵, 성주 읍내에 나가다 나도 모르게 '아!' 했다, 오른쪽으로 보이는 서원 주위로 몽글몽글 하얗게 꽃이 피어 있는 걸 본 거다.

매화나무였다. '세상에 이렇게 예쁠 수가…' 돌아오는 길에 차를 서원 쪽으로 꺾었다. '아무도 없나?' 입구에 안내소가 있는 걸 보면 누군가 있다는 이야긴데, 아무도 없었다.

꽃에 반해서 나무를 돌아 돌아 들어가니 이곳이 100그루의 매화나무가 있는 백매원으로도 유명한 회연서원이었다. 조선 선조 때 문신이면서 학자인 한강 정구 선생의 학문을 추모해 그의 제자들이 뜻을 모아 세운 서원이라고 한다. 한강 정구 선생이라? 이황 선생과 조식 선생의 학통을 이어받아 이익, 정약용, 김정희로 이어지는 실학의 연원을 세우신 분으로 기록되어 있다. 무엇보다 이 회연서원이 좋은 건 고즈넉하면서도 그 안에 향기 가득한 매화나무의 존재감 때문이다. 아는 자들만 오고가다 들르니 그리 번잡하지도 않아 가끔 지나는 길에 들르면 아무도 없는 마른 마룻바닥에서 글 읽는 소리가 들리는 듯하다. 아마도 그해 여름이었을 것이다. 그곳을 지키는 어르신과 인사를 나누고 한 쪽 텃밭에서 빵빵 터지고 있던 봉숭아 꽃씨를 한 움큼 얻어 오려는데 그 집 새끼 고양이가 텃밭으로 들어갔다. 아무 생각 없이 그 모습을 지켜보는데 이 녀석 행동이 영 심상치 않았다. 그래서 눈여겨보니 한 70~80센티미터는 족히 되 보이는 뱀을 노리고 있지 않은가. '아니 멀쩡한 뱀이 이렇게 작은 녀석한테서 도망을 못 가네.' 가끔씩 머리를 들어 고양이한테 대적하긴 해도 결국 고양이한테 잡혔고, 새끼 고양이는 뱀 머리를 장난감 갖고 놀듯 앞발로 이리치고 저리 치고 있었다. 그것을 '무서워, 무서워' 하면서도 끝까지 봤다. '나원 참, 동물의 왕국을 찍는구먼.' 그 이후로 회연서원에 갈 때는 일부러 서원 뒤로 돌아가 어르신께 인사를 하고 나온다. 그 덕분에 봄에 매화꽃을 한 바구니 따와 차를 만드는 행운을 누리지 않았던가. 모델하우스 같은 서원은 의미가 없다고 본다. 그 안에 텃밭이 있고 고양이도 살고 매화꽃이 피고 지고 난 뒤 주렁주렁 매실이 가득 열리는 서원의 모습이 내게는 더 친근하고 살갑다.

어쩌면 난 내가 보고 싶은 것만 보는 지도 모르겠다. 맞다. 얼마 전에 엄마 친구분들을 모시고 그곳에 갔는데 이분들은 모두 서예를 하시는 분들이라 그런지 하나같이 현판 글씨체에 관심을 보이셨다. 역시 자기 보고 싶은 것만 보는 것 같다. 그러는 나는 이곳 서원에서 글은 안보고 매화나무만 보는구나. 행여 아무도 없는 그곳에서 매화 향 흠뻑 취해 돌아오는 나의 봄날 행보가 부러우면 오시게나. 같이 팔짱끼고 걸어가보게.

별빛을 찾아서, 선석사

세종대왕의 왕자 태실(胎室, 왕실에서 왕, 왕비, 대군, 왕세자, 왕손, 공주, 옹주 등이 태어나면 그 태를 봉안하던 곳)이 있는 태봉에서 200미터쯤 떨어져 있으려나. 태실 가까이 있는 것으로 봐서 분명 태실을 지키는 수호 사찰이겠구나 하면서 일주문 안으로 들어섰다. 생각보다 오래된 절이다. 신라 때 의상대사가 지은 절 중 하나라 하니 다시 들여다보게 되었다. 한동안 관심 밖에 있던 절이었는데 요즘 와서 다시 역사적 의미를 재조명하려는 조짐을 보인다고 그곳에 있던 처사 한 분이 말씀해주셨다. 그래서인지 갈 때마다 건물이 새로 지어지고 길이 다듬어지고 있다.

지방자치제 덕분이다. 가까이 있는 소중한 것들을 챙기고자 하는 의식에서 출발하는 것인 만큼 바람직하다고 본다. 너무 각색만 하지 않는다면. 태실을 보면서 그 수호 사찰 역할이 만만치 않았겠구나 싶다. 절집에 들어서기 전에 제일 먼저 반기는 건 90도로 허리를 낮춘 소나무이다. 갑자기 너무도 정중한 인사를 받는 것 같아 당황스럽긴 해도 어딘지 나를 대접해주는 듯해 어깨를 다시 펴게 된다. 그래서 살펴보게 되는 뒤이은 소나무들은 예사롭지 않게 아름답다. 한 그루 한 그루 참으로 멋스럽다. 절집에 들어가기 전에 이미 소나무에 반해버렸다.

그러다 작은 선돌에 쓰인 '나모아미타불'이라는 글씨가 나를 멈추게 한다. 대부분 '나무아미타불'인데 순간 '이건 사투리인가? 왜 나모아미타불이지?'라는 생각이 들었다. '아미타불부처님께 귀의합니다'라는 뜻인데 한자로는 나무(南無)가 중국에서는 나모라고 발음하고, 우리는 이를 나무로 대부분 발음한다는 것을 나중에 알고는 "이거 사투리 아니야?" 말했던 게 두고두고 웃음 짓는 일이 되었다.

자그마한 대웅전도 그 뒤에 있는 산신각도 옛 모습 그대로인데 언젠가 보수라는 이름으로 너무 달라진 얼굴을 하고 있을까 봐 겁이 난다. 대웅전에 들어가 절을 좀 하고 나오니 해우소에 가고 싶었다. 해우소. 여기에 또 하나의 작품이 있구나 싶었다. 해우소 앞에 그려진 그림을 보다가 안으로 들어가니 '푸세식'인데다가 문까지 없었다. 아뿔사, 정신을 바짝 차려야겠다는 생각이 들었다. 그런 생각을 하게 된 첫 번째 이유는 칸막이가 된 자리가 여섯 개이고 아래가 훤히 보여 잘못하면 발이 빠질 것 같아 긴장하게 되고, 두 번째는 내 몸에서 나온 것뿐만이 아니라 다른 이들에게서 나온 것들을 어쩔 수 없이 볼 수밖에 없어 당황하게 되어서였다. 그럼에도 이 익숙지 않은 일이 그리 낯설게만 다가오

지 않았다. '다 똥이구나', '별거 아니구나.'

급한 일을 보고 나와서 천천히 해우소라 쓰인 옆에 그려진 글과 그림을 봤다. "꽃은 자기가 꽃이라는 것을 알까? 자신이 얼마나 아름다운지를. 얼마나 우리에게 기쁨을 주는지를." 소리 내어 읽어본다. 똥과 꽃. 화장실 앞에서 자신의 존재를 이렇게 돌아보게 하다니 참으로 멋진 해우소다. 앞으로 선석사는 해우소 때문에라도 종종 들르고 싶어질 것 같다고 생각했다.

돌담길을 찾아서, 한개마을

돌담이 예쁜 한옥 마을 한개마을. 예전에 새마을운동으로 다 부서져 사라질 위기에 처했던 마을의 돌담들이 한 어르신의 굳은 의지로 보존되어 오늘에 이르렀단다. 한옥 마을에 '돌담이 예쁜'이라는 수식어가 붙으니 예쁜 거 좋아하는 내가 어찌 모른 척할까? 카메라부터 챙겨 들었다. 요즘 고택 보존에 대한 관심이 높아지면서 안동 하회마을 다음으로 관심을 보이는 지역 중 하나라고 들은 적이 있어 기대가 컸다. 돌담 말고도 보고 들을 이야기가 많을 것 같아서였다. '한개'라는 이름이 궁금했다. 크다는 뜻의 '한'과 개울이라는 의미의 '개'가 합쳐져 생긴 순 우리말이라는 말을 듣고는 너무 심각하게 이름을 생각했다고 혼자 웃었다. 그냥 큰 개울 마을이라고 하면 얼마나 좋아? 내 생각이다.

좁은 돌담길을 돌아 돌아 걸으며 열린 집 안을 기웃거리니 마치 시간 여행이라도 떠나온 듯한 느낌이다. 그러다 이면 집 앞에서 발길을 멈추었다. 맛스러운 정자가 눈에 들어왔다. 처음 내가 갔을 때는 정자 옆에 연못을 파고 소나

무를 옮겨 심고 있었는데 나중에 가보니 연못은 관리가 안 되고 나무는 말라 가고 있는 것 같아 안타까운 맘이 들었다. 고택들이 정부 차원에서 지원을 받아 복구가 되어도 사람의 손길이 함께 닿지 않으면 이렇듯 집이 생기를 얻기 힘든 것 같다. 옛날에는 집안사람들이 드나들며 풍류를 즐겼을 정자에 잠시 기대어 세월의 무상함을 느꼈다. 난 또 여기서 내가 보고 싶은 것만 보고 말았다. 낮은 돌담 사이에 피어 있는 키 작은 채송화를. 오후 시간 마을에는 사람 하나 보이지 않고 지나는 객을 향한 개 짖는 소리만 여름날 늘어지는 더위를 깨우고 있었다.

마음이 느려지는 그곳에서, 해인사

나와 인연이 보통 깊은 것이 아닌 해인사는 우리 집에서 한 30분쯤 걸린다. 가야산은 경북 성주 쪽으로 60퍼센트, 경남 합천 쪽으로 40퍼센트 정도 걸쳐져 있다. 팔이 안으로 굽는다고 했던가? 내가 성주에 살면서부터 가야산을 이야기할 때면 나도 모르게 성주를 들먹이고 우리 쪽 산이라고 말하게 된다. 그런 뒤 해인사를 이야기한다.

우리 집에 오는 사람 그 누구라도 해인사는 꼭 다녀오시라고 한다. 한 번쯤 팔만대장경을 품고 있는 법보찰인 해인사에서 법의 향에 취해볼 필요가 있다. 그리고 저녁 무렵 법고 치는 소리에 가슴 두근거리는 경험을 해보시라고 감히 말한다. 가끔 세상을 살아가는 힘이 생각지 않은 데서 솟구치는 법이다. 살다 보면 그런 일을 더러 겪지 않는가. 내가 누군지 갑자기 알 수 없는 그런 때, 문득 길을 떠나고 싶은 생각이 드는 법이다. 그럴 때 듣는 저녁 산사의 법고 소

리는 내 안의 깊은 곳까지 울림을 줄 것이 분명하다.

나와 해인사의 인연은 10여 년 전부터 시작되었다. 이웃에 살던 불심 깊은 친구가 어느 날 이렇게 말했다.

"우리 해인사 갈래?"

"해인사?"

"응, 해인사 옆 백련암이라고 성철 스님 계시던 곳에서 삼천 배를 올린데. 난 갈 건데, 가자."

친구 따라 강남 간다고 이상스레 그런 말을 들으니 불심하곤 거리가 먼데도 나도 모르게 "응" 해버렸다. 그렇게 해서 1박 2일로 서울에서 출발했다. 그런데 거기까지 가는 해인사가 어찌나 멀게 느껴지던지. 대구까지 가서 다시 합천으로 들어와 해인사까지, 거기서 다시 백련암으로 올라가보니 이미 어두운 저녁 시간이었고 밤 10시부터 시작되는 절 수련 준비는 이미 시작되고 있었다. 그때 알았다. 나야 가끔 절에 가 앉아 있는 수준이라 별로 끈기도 없고 아는 것도 없지만 이곳에서 느껴지는 불심의 열기는 참으로 대단해 보였다. 노보살들의 옷매무새며, 정갈하게 빗어 올린 머리하며, 눈빛, 행동 모든 게 예사롭지 않아 주눅이 들었다. 그나저나 절이라곤 108배 해본 게 다인데 밤새도록 삼천 배를 다 할 수 있을까? 걱정이 되었다.

그런데 신기한 것은 혼자서는 아마 지레 나가떨어질 일이건만 함께 죽비에 맞춰 한 배 한 배 절을 해나가다 보니 절로 따라가지는 것 아닌가? '함께 한다는 것'의 에너지는 정말 무서운 힘이다. 그래도 난 중간에 포기했다. 이천 배까지는 간 것 같다. 어이쿠, 소리가 절로 나왔다.

"나 그만할래."

삼천 배는 아직도 요원한 일이 되고 있다.

다음 날 아침 해인사를 옆에 두고도 버스 타는 일이 급해 들르지 못했다. 그러고 보니 난 10년 전 해인사에 온 게 아니라 해인사를 지나친 거였구나. 그런데 내가 성주에 오게 된 것은 바로 이 해인사를 들르면서 시작된 것이니 어디서부터 어디까지가 내 인연의 시작이고 끝인지 모르겠다.

아무튼 내가 사는 곳 가까이에 이렇게 큰 절이 있다는 게 참으로 행운이라는 생각이 든다. 한때 카메라 하나 들고 절집따라 돌아다닌 시절이 있었다. 그곳은 집하고는 다들 먼 곳들이었다. 그런데 이제는 언제든지 힘들이지 않고 옆집 드나들듯 오갈 수 있는 절이 있으니 난 참 복이 많은 것 같다. 내가 큰 절을 좋아하는 이유는 내가 다녀간다는 것을 아무도 신경 쓰거나 아는 이가 없어서 좋고, 가까이 있어 좋아하는 이유는 굳이 작정하지 않아도 사람들 없는 이른 시간 늦은 시간에도 마음 놓고 다녀올 수 있어서이다. 그런데 그 절이 해인사이기 때문에 더더욱 좋은 건 바로 장경각에 있는 팔만대장경을 틈새로 눈으로나마 볼 수 있어서이다. 요즘은 좀 뜸해지긴 했어도 처음 이곳에 왔을 때 일주일에 두어 번은 해인사를 올라간 것 같다.

어느 날 장경각을 지키시고 계시던 스님 한 분이 나를 불러 세웠다.

"보살님, 어디 살아요? 그렇게 혼자 오지 말고 같이 오세요."

그날이 종종 기억난다. 누구랑 같이 오라는 말씀일까? 알 듯하면서도 그냥 되묻지 않고 모르는 척 웃었다.

"예, 스님."

아소재에 내려오던 첫해 신정 휴가가 지나고 가족 모두 서울로 돌아간 날. 혼자 남겨진 나는 도무지 집에 있을 수 없어서 해인사로 올라갔다. 저녁이 어슴푸레 찾아오고 있었고, 법고가 울리는 걸로 봐서 곧 예불이 열릴 참이었다. 대적광전에는 절에서 일하는 보살 몇 명과 관광객 두어 명이 있을 뿐, 문득 섬에 온 것 같은 적막한 느낌이 들었다. 한 시간 남짓 예불을 마치고 나오니 절 앞마당과 하늘은 칠흑같이 검은데 하늘에 오직 가느다란 눈썹달과 작은 별 하나가 서로 의지해 반짝이고 있었다. 밤하늘이 펼치는 작은 선물이었다. 어찌나 찡하게 코끝이 시려오면서도 웃음이 나오든지 그때 그 눈물과 시린 웃음을 잊을 수가 없다. 해인사의 앞마당을 밟으며 내 안의 살얼음 같은 세상사에 대한 두려움도 함께 밟았던 것 같다. '꾹꾹 밟아도 돼. 땅은 땅일 뿐이라고.'

해인사 대적광전 옆에는 두 분의 비로자나불을 모신, 새로 조성한 대비로전이 있다. 장경각 법보전에 있던 비로자나불 개금불사 시 복장 유물에서 나온 묵서때문에 또 하나의 비로자나불이 대적광전에 모셔져 있음이 밝혀졌고, 그렇게 해서 쌍둥이처럼 닮은 두 분의 비로자나불을 모신 것이다. 묵서의 내용을 보면 다음과 같다.

"대각간님의 비로자나 부처님이시여, 오른쪽 부처님은 비(妃)님의 부처님입니다. 중화 3년(서기 883년) 계묘년 여름 부처님을 금을 입혀 이루었습니다."

항간에는 신라 대각간 위홍과 진성여왕의 사랑이 두 부처님을 조성해 천년의 세월이 지난 뒤에라도 함께 있기를 염원한 글이라 하기도 하고, 아니다 억지로 짜 맞춘 이야기라고도 하는데 난 그이야기를 얼핏 들으면서 상상의 나래를 펼쳤다. 그래, 1000년의 사랑을 이야기하면 어떤가? 이생에서 못다한 사랑이

1000년 후에라도 이루어졌으면 하는 바람을 누군가 빗대어 말한다 하여 무에 그리 잘못될 것이 있는가? 사료로 증명할 수 있거나 없거나 나에겐 그리 의미가 없다. 믿는 만큼 행복해질 수 있다면 믿어주는 게 나라는 사람이기 때문이다.

그래서 그 후 난 믿거나 말거나 하면서 젊은 친구들이 오면 해인사를 들르는데 꼭 장경각 다음으로 대비로전에 들러 두 부처님 앞에 앉아보기를 권한다.

"1000년 동안 이어지는 사랑을 하고 싶지 않아요?"

제사보다 젯밥에 더 맘이 가게 하는 나의 꼬임이다.

"우리 대비로전에서 절 많이 했어요."

젊은 친구들이 집에 돌아가며 보낸 문자다. 나도 모르게 웃음이 나왔다. 그래, 사람 맘은 다 하나야.

그렇다. 가끔 해 질 녘 절집 마당에서 들리는 법고 소리를 들으며 사랑에 빠진 듯 행복해질 수 있는 내가 있어서, 우리가 있어서 참 좋구나.

우리 시골에서 살아볼까?
- 초보 시골 생활자의 집 고르기부터 먹고살기까지

엄윤진 지음

1판 1쇄	펴낸날 2012년 9월 28일
1판 2쇄	펴낸날 2012년 11월 5일

펴낸이	이영혜
펴낸곳	디자인하우스
	서울시 중구 장충동2가 162-1 태광빌딩
	우편번호 100-855 중앙우체국 사서함 2532
대표전화	(02) 2275-6151
영업부직통	(02) 2263-6900
팩시밀리	(02) 2275-7884, 7885
홈페이지	www.design.co.kr
등록	1977년 8월 19일, 제2-208호

편집장	김은주
편집팀	장다운, 공혜진
디자인팀	김희정, 김지혜
마케팅팀	도경의
영업부	김용균, 오혜란, 박예지
제작부	이성훈, 민나영

사진	임민철
교정 · 교열	이정현
출력 · 인쇄	중앙문화인쇄

Copyright ⓒ 2012 by 엄윤진

ISBN 978-89-7041-591-8 13590

가격 15,000원